普通高等教育实验实训系列教材

电气信息类

电路理论实验

主　编　翟玉文　辛　涛

副主编　杨海斌　孙立辉

编　写　孙陆梅　赵　岩

　　　　于　军　张慧颖

　　　　吴正玲

主　审　艾学忠

中国电力出版社

CHINA ELECTRIC POWER PRESS

内 容 提 要

全书共分两篇四章，主要内容包括直流电路实验、交流电路实验、EWB 仿真软件介绍和 EWB 仿真实验，共 26 个实验。本书内容系统完整，注重基本概念与基本理论介绍，也注重对学生实践技能的培养。

本书主要作为普通高等院校电气信息类专业电路理论课程的实验教材，也可供相关工程技术人员自学和参考。

图书在版编目（CIP）数据

电路理论实验/翟玉文，辛涛主编 .—北京：中国电力出版社，2010.12（2025.1 重印）

普通高等教育实验实训规划教材 . 电气信息类
ISBN 978 - 7 - 5123 - 1138 - 1

Ⅰ.①电… Ⅱ.①翟…②辛… Ⅲ.①电路理论－实验－高等学校－教材 Ⅳ.①TM13-33

中国版本图书馆 CIP 数据核字（2010）第 231119 号

中国电力出版社出版、发行
（北京市东城区北京站西街 19 号　100005　http：//www. cepp. sgcc. com. cn）
中国电力出版社有限公司印刷
各地新华书店经售

*

2010 年 12 月第一版　　2025 年 1 月北京第十次印刷
787 毫米×1092 毫米　16 开本　8 印张　188 千字
定价 **25.00** 元

前　言

电路理论课程是高等学校电子与电气信息类专业的重要的基础课。电路理论课程以分析电路中的电磁现象，研究电路的基本规律及电路的分析方法为主要内容。该课程理论严密、逻辑性强，实践性强，有着广阔的工程背景。通过电路理论课程的学习，对树立学生严肃认真的科学作风和理论联系实际的工程观点，培养学生的科学思维能力、分析计算能力、实验研究能力和科学归纳能力都有重要的作用。通过电路理论课程的学习，使学生掌握电路的基本理论知识、电路的基本分析方法和初步的实验技能，为进一步学习后续课程准备必要的电路知识。

本书是电路理论课程的实验教材，是编者多年理论和实验教学的成果。编写的目的是使学生能够更好的掌握电路理论的基本知识、基本理论和基本技能；能够正确使用常用电子仪器、仪表；会应用常规的测试方法测量电压、电流、电功率等物理量和电阻、电感、电容等器件的参数，测定特性曲线；培养学生独立从事实验和初步的设计实验的能力，能分析并排除一些简单的故障，正确地读取和记录实验数据，绘制曲线；培养学生良好的实验习惯，树立实事求是和严肃认真的科学作风，根据实验数据和实验结果撰写实验报告，具有对实验结果进行分析和解释的能力；掌握 EWB 仿真软件的使用，对电路进行仿真、分析和辅助设计，并能够实现小系统的组装和调试；提高学生的动手能力和综合实践能力，培养学生创新意识，以适应 21 世纪科学技术飞速发展的需要。

本书主要有以下几个特点：

（1）基本内容全面。实验内容包括：直流电路、交流电路和 EDA 技术仿真等实验，其中既有验证性实验，也有设计性实验和仿真实验。每个实验都有实验目的、实验原理、实验设备、实验内容、预习思考题和实验报告等内容。

（2）引入 EDA 技术，实现了虚拟实验和实际实验相结合。与传统的实验手段相比较，EDA 仿真实验具有速度快、直观化、简单化等特点，使学生在巩固基础的同时，引入新的设计手段，可以培养学生的创新能力；同时 EDA 仿真也非常适合于电工学课程的辅助教学，更加进一步促进理论与实践的有机结合。

（3）学生在具有电工基础实验能力的同时，也具有小系统综合设计能力。不仅可以提高学生的实践技能和综合应用能力，同时也是对所学电工学理论进行全面的系统的复习，并不断加深对基础理论掌握的过程。

（4）使学生掌握并能灵活运用传统的实验方法和新型虚拟实验的方法。

（5）由浅入深，由简到繁，由单元电路到小系统，也可以作为电类本科学生的实验课教材。

本书由吉林化工学院翟玉文、烟台南山学院辛涛担任主编，吉林农业科技学院杨海斌、吉林化工学院孙立辉担任副主编。翟玉文编写第二章，辛涛编写第三章，杨海斌编写第一章，孙立辉编写第四章。全书由翟玉文进行统稿和校稿。参与本书编写工作的还有吉林化工学院于军、孙陆梅、赵岩、张慧颖、吴正玲等老师。本书的出版得到了吉林化工学院、浙江天煌科技实业有限公司的大力支持。在这里向所有为本书作出贡献的人们致谢。另外，在本书的编写过程中也参考了一些优秀的教材，在此一并表示感谢。

　　吉林化工学院艾学忠教授对书稿进行了详细认真的审阅，并提出了很多非常宝贵的意见和建议。在此，谨向艾学忠教授表示衷心的感谢。

　　由于编者水平有限，书中存在的错误和不妥之处，殷切希望使用本书的读者提出宝贵的意见。

编者

2010 年 12 月

目 录

第一篇 电 路 理 论 实 验

第一章 直 流 电 路 实 验

实验一 电工仪表的使用及测量误差的分析

一、实验目的

(1) 掌握电压表、电流表内阻的测量方法；

(2) 理解电工仪表测量误差的计算方法；

(3) 掌握电压表、电流表、万用表的使用；

(4) 了解理想电压源与理想电流源的原理与使用。

二、实验原理

为了准确地测量电路中实际的电压和电流，必须保证仪表接入电路后不会改变被测电路的工作状态。这就要求电压表的内阻为无穷大；电流表的内阻为零。而实际使用的指针式电工仪表都不能满足上述要求。因此，当测量仪表一旦接入电路，就会改变电路原有的工作状态，这就导致仪表的读数值与电路原有的实际值之间出现误差。误差的大小与仪表本身内阻的大小密切相关。只要测出仪表的内阻，即可计算出由其产生的测量误差。下面介绍四种测量指针式仪表内阻的方法。

1. 用"分流法"测量电流表的内阻

电流表内阻测量电路如图 1‑1 所示。R_A 为被测直流电流表 PA 的内阻，满量程电流表电流为 I_m。测量时先断开开关 S，调节电流源的输出电流 I_S 使被测直流电流表 PA 指针满偏转，即 $I_A = I_S = I_m$。然后将开关 S 闭合，并保持 I_S 值不变，调节电阻箱 R 的阻值，使电流表 A 的指针指在 1/2 满偏转位置，此时有

$$I_A = \frac{I_m}{2} = \frac{I_S}{2} \tag{1-1}$$

由此可得

$$R_A = R \mathbin{/\mkern-5mu/} R_1 = \frac{RR_1}{R + R_1} \tag{1-2}$$

式中：R_1 为固定电阻器之值，R 可由十进制可变电阻箱的刻度盘上读得。

2. 用"分压法"测量电压表的内阻

电压表内阻测量电路如图 1‑2 所示。R_V 为被测直流数字电压表 PV 的内阻，满量程电压表电压为 U_m。测量时先将开关 S 闭合，调节直流稳压电源的输出电压，使被测直流数字电压表 PV 的指针满偏转，即 $U_V = U_m = U_S$。然后断开开关 S，调节 R 使电压表 PV 的指示值减半，此时有

$$U_V = \frac{U_m}{2} = \frac{U_S}{2} \tag{1-3}$$

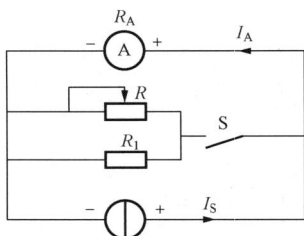

图 1 - 1　电流表内阻测量电路　　　　　　图 1 - 2　电压表内阻测量电路

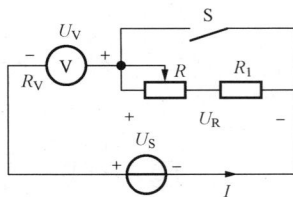

由此可得

$$R_{\mathrm{V}} = R + R_1 \qquad (1 - 4)$$

电压表的灵敏度为

$$S = \frac{R_{\mathrm{V}}}{U_{\mathrm{m}}} \qquad (1 - 5)$$

式中：U_{m} 为电压表满偏时的电压值。

　　3. 测量误差的计算

　　由于仪表内阻引起的测量误差，通常称为方法误差；而由仪表本身结构引起的误差称为仪表基本误差。以图 1 - 3 所示电路为例，R_1 上的电压为

$$U_{R1} = \frac{R_1}{R_1 + R_2} U_{\mathrm{S}} \qquad (1 - 6)$$

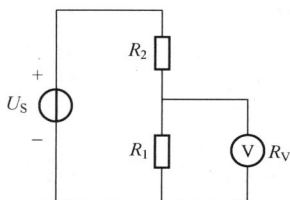

图 1 - 3　方法误差测量电路

若 $R_1 = R_2$，则 $U_{R1} = \frac{1}{2} U$。

现用一内阻为 R_{V} 的电压表来测量 U_{R1} 值，当 R_{V} 与 R_1 并联后，电阻为

$$R_1' = \frac{R_{\mathrm{V}} R_1}{R_{\mathrm{V}} + R_1} \qquad (1 - 7)$$

以 R_1' 来替代式（1 - 6）中的 R_1，则得

$$U_{R1}' = \frac{\dfrac{R_{\mathrm{V}} R_1}{R_{\mathrm{V}} + R_1}}{\dfrac{R_{\mathrm{V}} R_1}{R_{\mathrm{V}} + R_1} + R_2} U \qquad (1 - 8)$$

绝对误差为

$$\Delta U = U_{R1}' - U_{R1} = \frac{\dfrac{R_{\mathrm{V}} R_1}{R_{\mathrm{V}} + R_1}}{\dfrac{R_{\mathrm{V}} R_1}{R_{\mathrm{V}} + R_1} + R_2} U - \frac{R_1}{R_1 + R_2} U = \left(\frac{\dfrac{R_{\mathrm{V}} R_1}{R_{\mathrm{V}} + R_1}}{\dfrac{R_{\mathrm{V}} R_1}{R_{\mathrm{V}} + R_1} + R_2} - \frac{R_1}{R_1 + R_2} \right) U$$

$$(1 - 9)$$

化简后得

$$\Delta U = \frac{-R_1^2 R_2 U}{R_{\mathrm{V}}(R_1^2 + 2R_1 R_2 + R_2^2) + R_1 R_2(R_1 + R_2)} \qquad (1 - 10)$$

若 $R_1 = R_2 = R_{\mathrm{V}}$，则得

$$\Delta U = -\frac{U}{6} \qquad (1 - 11)$$

相对误差

$$\Delta U\% = \frac{U'_{R1} - U_{R1}}{U_{R1}} \times 100\% = \frac{-\dfrac{U}{6}}{\dfrac{U}{2}} \times 100\% = -33.3\%$$

由此可见，当电压表的内阻与被测电路的电阻相近时，测量的误差是非常大的。

4. 伏安法测量电阻

伏安法测量电阻的原理是：测出流过被测电阻 R_X 的电流 I_R 及其两端的电压降 U_R，则根据欧姆定律可得其阻值为

$$R_X = \frac{U_R}{I_R} \tag{1-12}$$

实际测量时，有两种测量电路，即相对于电源而言：

(1) 电流表 PA（内阻为 R_A）接在电压表 PV（内阻为 R_V）的内侧；

(2) 电流表 PA 接在电压表 PV 的外测。电路如图 1-4（a）、（b）所示。

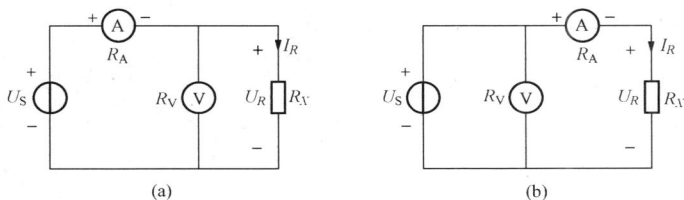

图 1-4　伏安法测量电阻电路

由电路 1-4（a）可知：只有当 $R_X \ll R_V$ 时，R_V 的分流作用才可忽略不计，电流表 PA 的读数接近于实际流过 R_X 的电流值。图 1-4（a）的接法称为电流表的内接法。

由电路 1-4（b）可知，只有当 $R_X \gg R_V$ 时，R_A 的分压作用才可忽略不计，电压表 PV 的读数接近于实际加在 R_X 两端的电压值。图 1-4（b）的接法称为电流表的外接法。

在实际应用时，应根据不同情况选用合适的测量电路，才能获得较准确的测量结果。

例如：

在图 1-4 中，若 $U_S = 20V$，$R_A = 100\Omega$，$R_V = 20k\Omega$。假定 R_X 的实际值为 $10k\Omega$。

如果采用图 1-4（a）的电路测量，经计算，电流表 PA、电压表 PV 的读数分别为 $2.96mA$ 和 $19.73V$，故

$$R_X = 19.73 \div 2.96 = 6.667(k\Omega)$$

相对误差为

$$(6.667 - 10) \div 10 \times 100\% = -33.3\%$$

如果采用图 1-4（b）的电路测量，经计算，电流表 PA、电压表 PV 的读数分别为 $1.98mA$ 和 $20V$，故

$$R_X = 20 \div 1.98 = 10.1(k\Omega)$$

相对误差为

$$(10.1 - 10) \div 10 \times 100\% = 1\%$$

三、实验设备

实验设备见表 1-1。

表 1-1　　　　　　　　　　　　实　验　设　备

序　号	名　　　称	型号与规格	数　量
1	直流稳压电源	0～30V	2个
2	直流恒流源	0～200mA	1个
3	直流数字电压表	0～200V	1个
4	直流数字毫安表	0～200mA	1个
5	十进制可变电阻箱	0～9999.9Ω	1个
6	电阻器	根据需要选择	若干

四、实验内容

（1）根据"分流法"原理测定直流电流表 0.5mA 和 5mA 挡量程的内阻，电路如图 1-1 所示，其中 R 可选用十进制可变电阻箱，R_1 为 5kΩ/2W 电阻，将实验数据填入表 1-2 中。

表 1-2　　　　　　　　　　电流表内阻测量实验数据

被测电流表量程 (mA)	S 断开时的表读数 $I_A = I_S = I_m$ (mA)	S 闭合时的表读数 $I_A = \dfrac{I_m}{2} = \dfrac{I_S}{2}$ (mA)	$R(\Omega)$	$R_1(\Omega)$	计算电流表内阻 $R_A(\Omega)$
0.5					
5					

（2）根据"分压法"原理按图 1-2 接线。测量万用表直流电压 2.5V 和 10V 挡量程的内阻 R_V，其中 R 可选用十进制可变电阻箱，R_1 为 5kΩ/4W 电阻。将实验数据填入表 1-3 中。

表 1-3　　　　　　　　　　电压表内阻测量实验数据

被测电压表量程（V）	S 闭合时表读数 $U_V = U_m = U_S$(V)	S 断开时表读数 $U_V = \dfrac{U_m}{2} = \dfrac{U_S}{2}$(V)	R (kΩ)	R_1 (kΩ)	计算内阻 R_V (kΩ)	S (Ω/V)
2.5						
10						

（3）用万用表直流电压 10V 挡量程测量图 1-3 电路中 R_1 上的电压 U'_{R1} 值，并计算测量的绝对误差与相对误差，其中 $R_1=10\text{k}\Omega$，$R_2=50\text{k}\Omega$。将实验数据填入表 1-4 中。

表 1-4　　　　　　　　　电表内阻产生的测量误差实验数据

U (V)	R_1 (kΩ)	R_2 (kΩ)	R_{10V} (kΩ)	计算值 U_{R1} (V)	实测值 U'_{R1} (V)	绝对误差 ΔU	相对误差 $(\Delta U/U)\times 100\%$
12	10	50					

五、实验注意事项

（1）在开启电源开关前，应将两路电压源的输出调节旋钮调至最小（逆时针旋到底），并将恒流源的输出粗调旋钮拨到 2mA 挡，输出细调旋钮应调至最小。接通电源后，再根据需要缓慢调节。

（2）当恒流源输出端接有负载时，如果需要将其粗调旋钮由低挡位向高挡位切换时，必须先将其细调旋钮调至最小。否则输出电流会突增，可能会损坏外接器件。

（3）电压表应与被测电路并接，电流表应与被测电路串接，并且都要注意正、负极性与量程的合理选择。

（4）实验内容（1）、（2）中，R_1 的取值应与 R 相近。

（5）本实验仅测试指针式仪表的内阻。由于所选指针表的型号不同，本实验中所列的电流、电压量程及选用的 R、R_1 等均会不同。实验时应按选定的表型自行确定。

六、预习思考题

（1）根据实验内容（1）和（2），若已求出 0.5mA 挡和 2.5V 挡的内阻，可否直接计算得出 5mA 挡和 10V 挡的内阻？

（2）用量程为 10A 的电流表测实际值为 8A 的电流时，实际读数为 8.1A，求测量的绝对误差和相对误差。

七、实验报告

（1）列表记录实验数据，并计算各被测仪表的内阻值；

（2）分析实验结果，总结应用场合；

（3）对预习思考题的计算。

实验二 减小仪表测量误差的方法

一、实验目的

（1）进一步掌握电压表内阻在测量过程中产生的误差及其分析方法；

（2）进一步掌握电流表内阻在测量过程中产生的误差及其分析方法；

（3）掌握减小由于仪表内阻所引起的测量误差的方法。

二、实验原理

减小由于仪表内阻而产生的测量误差的方法有以下两种。

1. 不同量限两次测量计算法

当电压表的灵敏度不够高或电流表的内阻太大时，可利用多量限仪表对同一被测量用不同量限进行两次测量，用所得读数经计算后可得到较准确的结果。

如图 1-5 所示电路中，欲测量具有较大内阻 R_0 的电动势 U_S 的开路电压 U_{OC} 时，如果所用电压表的内阻 R_V 与 R_0 相差不大时，将会产生很大的测量误差。

设电压表有两挡量限，U_{OC1}、U_{OC2} 分别为在这两个不同量限下测得的电压值，令 R_{V1} 和 R_{V2} 分别为这两个相应量限的内阻，则由图 1-5 可得出

$$U_{OC1} = \frac{R_{V1}}{R_0 + R_{V1}} U_S$$

$$U_{OC2} = \frac{R_{V2}}{R_0 + R_{V2}} U_S$$

由以上两式可解得 U_S 和 R_0，其中 U_S（即 U_{OC}）为

$$U_S = U_{OC} = \frac{U_{OC1} U_{OC2} (R_{V1} - R_{V2})}{U_{OC1} R_{V2} - U_{OC2} R_{V1}}$$

由此式可知，当电源内阻 R_0 与电压表的内阻 R_V 相差不

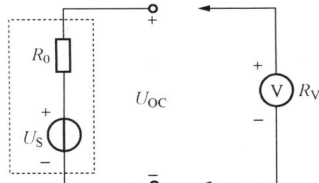

图 1-5 测量电压电路

大时，通过上述的两次测量结果，即可计算出开路电压 U_{OC} 的大小，且其准确度要比单次测量好得多。

对于电流表，当其内阻较大时，也可用类似的方法测得较准确的结果。如图 1-6 所示电路，不接入电流表时的电流为 $I_{SC} = \dfrac{U_S}{R_0}$。接入内阻为 R_A 的电流表 PA 时，电路中的电流变为

$$I'_{SC} = \frac{U_S}{R_0 + R_A}$$

如果 $R_A = R_0$，则 $I'_{SC} = \dfrac{I_{SC}}{2}$，出现很大的误差。如果用有不同内阻 R_{A1}、R_{A2} 的两挡量限的电流表作两次测量并经简单的计算就可得到较准确的电流值。

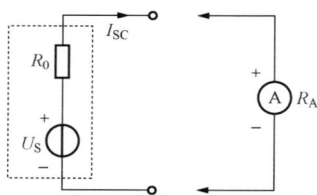

按图 1-6 所示电路，两次测量得

$$I_{SC1} = \frac{U_S}{R_0 + R_{A1}}$$

$$I_{SC2} = \frac{U_S}{R_0 + R_{A2}}$$

由以上两式可解得 U_S 和 R_0，进而可得

$$I_{SC} = \frac{U_S}{R_0} = \frac{I_{SC1} I_{SC2} (R_{A1} - R_{A2})}{I_{SC1} R_{A1} - I_{SC2} R_{A2}}$$

图 1-6　测量电流电路

2. 同一量限两次测量计算法

如果电压表（或电流表）只有一挡量限，且电压表的内阻较小（或电流表的内阻较大）时，可用同一量限两次测量法减小测量误差。其中，第一次测量与一般的测量并无两样。第二次测量时必须在电路中串入一个已知阻值的附加电阻。

（1）电压测量：同一量限测量电压电路如图 1-7 所示，测量电路的开路电压 U_{OC}。设电压表的内阻为 R_V。第一次测量时，电压表的读数为 U_{OC1}。第二次测量时应与电压表串接一个已知阻值的电阻器 R，电压表读数为 U_{OC2}。由图 1-7 可知

$$U_{OC1} = \frac{R_V U_S}{R_0 + R_V}$$

$$U_{OC2} = \frac{R_V U_S}{R_0 + R + R_V}$$

由以上两式可解得 U_S 和 R_0，其中 U_S（即 U_{OC}）为

$$U_S = U_{OC} = \frac{R U_{OC1} U_{OC2}}{R_V (U_{OC1} - U_{OC2})}$$

由上式可知：通过电压同一量限两次测量可消除内阻 R_0 对开路电压 U_{OC} 的影响。

（2）电流测量：同一量限测量电流电路如图 1-8 所示，测量电路的电流 I_{SC}。设电流表的内阻为 R_A。第一次测量电流表的读数为 I_{SC1}。第二次测量时应与电流表串接一个已知阻值的电阻器 R，电流表读数为 I_{SC2}。由图 1-8 可知

$$I_{SC1} = \frac{U_S}{R_0 + R_A}$$

$$I_{SC2} = \frac{U_S}{R_0 + R + R_A}$$

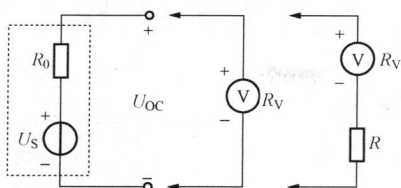

图 1-7 同一量限测量电压电路

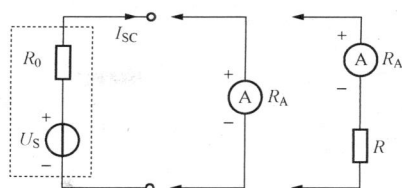

图 1-8 同一量限测量电流电路

由以上两式可解得 U_S 和 R_0，从而可得

$$I_{SC} = \frac{U_S}{R_0} = \frac{I_{SC1} I_{SC2} R}{I_{SC2}(R_A + R) - I_{SC1} R_A}$$

由上式可知：通过电流同一量限两次测量可消除内阻 R_0 对电流 I_{SC} 的影响。

由以上分析可知，采用多量限仪表测量法或单量限仪表两次测量法，不论所用仪表的内阻与被测电路的电阻如何，总可以通过两次测量和计算单次测量得到较准确的结果。

三、实验设备

实验设备见表 1-5。

表 1-5 **实 验 设 备**

序 号	名 称	型号与规格	数 量
1	直流稳压电源	0～30V	1个
2	直流恒流源	0～200mA	1个
3	十进制可变电阻箱	0～9999.9Ω	1台
4	电阻器	按需选择	1个
5	直流数字电压表	0～200V	1台
6	直流数字毫安表	0～200mA	1台

四、实验内容

1. 双量限电压表两次测量法

按图 1-5 所示的电路连线，实验中利用直流稳压电源，取 $U_S = 2.5V$，R_0 选用十进制可变电阻箱，阻值 $R_0 = 50k\Omega$。用直流数字电压表 2.5V 和 10V 两挡量限进行两次测量，最后算出开路电压 U_{OC} 之值，将实验数据填入表 1-6 中。

表 1-6 **双量限电压表测量数据误差实验数据**

电压表量限（V）	内阻 R_V（kΩ）	两个量限的测量值 $U_{OC}(V)$	电路计算值 $U_{OC}(V)$	两次测量计算值 $U_{OC}(V)$	U_{OC} 的绝对误差值	U'_{OC} 的相对误差（%）
2.5	$R_{V1} =$	$U_{OC1} =$				
10	$R_{V2} =$	$U_{OC2} =$				
两次测量						

2. 单量限电压表两次测量法

按图 1-7 所示的电路连线。先用直流数字电压表 2.5V 量限挡直接测量，可得 U_{OC1}。然

后串接 $R=10\text{k}\Omega$ 的附加电阻再一次测量，可得 U_{OC2}。计算开路电压 U_{OC} 之值，将实验数据填入表 1-7 中。

表 1-7　　　　　　　　　　单量限电压表测量数据误差实验数据

实际计算值	两次测量值		测量计算值	绝对误差	U_{OC} 的相对误差
$U_{OC}(\text{V})$	$U_{OC1}(\text{V})$	$U_{OC2}(\text{V})$	$U'_{OC}(\text{V})$	ΔU	$\dfrac{\Delta U}{U_{OC}}\times100\%$

3. 双量限电流表两次测量法

按图 1-6 所示的电路连线，实验中利用直流稳压电源，取 $U_S=2.5\text{V}$，R_0 选用十进制可变电阻箱，阻值 $R_0=50\text{k}\Omega$。用直流电流表 0.5mA 和 5mA 两挡量限进行两次测量，最后算出短路电流 I_{SC} 之值，将实验数据填入表 1-8 中。

表 1-8　　　　　　　　　　双量限电流表测量数据误差实验数据

万用表电流量限	内阻值 R_A (Ω)	两个量限的测量值 $I_{SC}(\text{mA})$	电路计算值 $I_{SC}(\text{mA})$	两次测量计算值 $I'_{SC}(\text{mA})$	I_{SC} 的相对误差（%）	I'_{SC} 的相对误差（%）
0.5mA	$R_{A1}=$	$I_{SC1}=$				
5mA	$R_{A2}=$	$I_{SC2}=$				

4. 单量限电流表两次测量法

按图 1-8 所示的电路连线。先用直流电流表 0.5mA 量限挡直接测量，可得 I_{SC1}。然后串接 $R=10\text{k}\Omega$ 的附加电阻再一次测量，可得 I_{SC2}。计算出短路电流 I_{SC} 之值，将实验数据填入表 1-9 中。

表 1-9　　　　　　　　　　单量限电流表测量数据误差实验数据

实际计算值	两次测量值		测量计算值	绝对误差	相对误差
$I_{SC}(\text{mA})$	$I_{SC1}(\text{mA})$	$I_{SC2}(\text{mA})$	$I'_{SC}(\text{mA})$	ΔI_{SC}	$\dfrac{\Delta I_{SC}}{I_{SC}}\times100$

五、实验注意事项

（1）在实验过程中，直流稳压电源输出端不允许短路；

（2）在实验过程中，直流恒流源输出端不允许开路；

（3）在实验过程中，电压表与所测量的元件并联，电流表与所测量的元件串联，并且要注意极性与量限的选择。

六、预习思考题

（1）完成各项实验内容的计算；

（2）比较双量限两次测量法和单量限两次测量法产生误差的大小；

（3）用"两次测量法"测量电压或电流，绝对误差和相对误差是否等于零？为什么？

七、实验报告

（1）列表记录实验数据，并完成实验内容的计算值；

（2）分析实验测量数据，总结误差产生的原因。

实验三 仪表量程扩展实验

一、实验目的

（1）了解指针式毫安表的量程和内阻在测量中的作用；

（2）掌握毫安表改装成电流表和电压表的方法；

（3）掌握改装后电压表和电流表的读数方法；

（4）学会电流表和电压表量程切换开关的应用方法。

二、实验原理

1. 基本表的概念

一只毫安表允许通过的最大电流称为该表的量程，用 I_g 表示，该表有一定的内阻，用 R_g 表示。这就是一个"基本表"，其等效电路如图 1-9 所示。I_g 和 R_g 是基本表的两个重要参数。

2. 扩大基本表的量程

满量程为 1mA 的基本表，最大只允许通过 1mA 的电流，过大的电流会打针，甚至烧断电流线圈。要用它测量超过 1mA 的电流，必须扩大基本表的量程，即选择一个合适的分流电阻 R_A 与基本表并联，如图 1-10 所示。

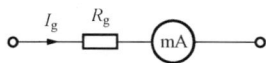

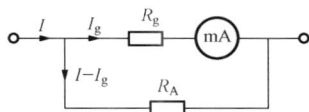

图 1-9 基本表　　　　图 1-10 扩大电流量程

设基本表满量程 $I_g=1mA$，基本表内阻 $R_g=100\Omega$。现要将其量程扩大 10 倍（即可用来测量 10mA 电流），则应并联的分流电阻 R_A 应满足下式

$$I_g R_g = (I - I_g)R_A$$
$$1mA \times 100\Omega = (10-1)mA \times R_A$$
$$R_A = \frac{100}{9} = 11.1(\Omega)$$

同理，要使其量程扩展为 100mA，则应并联 1.01Ω 的分流电阻。

当用改装后的电流表来测量 10（或 100）mA 以下的电流时，只要将基本表的读数乘以 10（或 100）或者直接将电表面板的满刻度刻成 10（或 100）mA 即可。

3. 改装为电压表

一只基本表也可以改装为一只电压表，只要选择一只合适的分压电阻 R_V 与基本表相串接即可，如图 1-11 所示。

设被测电压值为 U，则有

$$U = U_g + U_V = I_g(R_g + R_V)$$

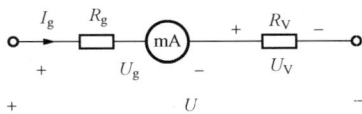

图 1-11　电压表

$$R_{V} = \frac{U - I_g R_g}{I_g} = \frac{U}{I_g} - R_g$$

要将量程为 1mA、内阻为 100Ω 的基本表改装为量程为 1V 的电压表，则应串联的分压电阻的阻值应为

$$R_{V} = \frac{1V}{1mA} - 100 = 1000 - 100 = 900(\Omega)$$

若要将量程扩大到 10V，应串多大的分压电阻呢？

三、实验设备

实验设备见表 1-10。

表 1-10　　　　　　　　　　　　　　　实 验 设 备

序　号	名　　　称	型 号 与 规 格	数　量
1	直流数字电压表	0～200V	1 个
2	直流数字毫安表	0～200mA	1 个
3	直流稳压电源	0～30V	1 个
4	直流恒流源	0～500mA	1 个
5	基本表	1mA，100Ω	1 个
6	电阻	1.01Ω、11.1Ω、900Ω、9.9kΩ、1kΩ、2kΩ	各 1 个

四、实验内容

1. 1mA 基本表的检验

（1）调节恒流源的输出，最大不超过 1mA；

（2）先对 1mA 表表头进行机械调零，再将恒流源的输出接至 1mA 表表头的信号输入端；

（3）调节恒流源的输出，令其从 0mA 调至 1mA，分别读取基本表的读数，并记录之，填入表 1-11 中；

表 1-11　　　　　　　　　　　　1mA 基本表测量数据

恒流源输出（mA）	0.0	0.2	0.4	0.6	0.8	1.0
表头读数（mA）						
直流数字毫安表读数（mA）						

（4）再用直流数字毫安表重复测量（3）的数据，填入表 1-11 中，与基本表的读数进行比较。

2. 将基本表改装为量程为 10mA 的毫安表

（1）将分流电阻 11.1Ω 并接在基本表的两端，这样就将基本表改装成了满量程为 10mA 的毫安表。

（2）调节恒流源的输出，使其从 0 依次增加 2mA，用改装好的基本表依次测量恒流源的输出电流，并记录之，数据填入表 1-12 中。

（3）再用直流数字毫安表重复测量（2）的数据，填入表 1-12 中，与基本表的读数进行比较。

表 1 - 12　　　　　　　　　　　　改装后 **10mA 毫安表测量数据**

恒流源输出（mA）	0.0	2.0	4.0	6.0	8.0	10.0
毫安表读数（mA）						
直流数字毫安表读数（mA）						

3. 将基本表改装为量程为 100mA 的毫安表

（1）将分流电阻改换为 1.01Ω，并接在基本表的两端，这样就将基本表改装成了满量程为 100mA 的毫安表。

（2）调节恒流源的输出，使其从 0 依次增加 20mA，用改装好的基本表依次测量恒流源的输出电流，并记录之，数据填入表 1 - 13 中。

（3）再用直流数字毫安表重复测量（2）的数据，填入表 1 - 13 中，与基本表的读数进行比较。

表 1 - 13　　　　　　　　　　　改装后 **100mA 毫安表测量数据**

恒流源输出（mA）	0.0	20.0	40.0	60.0	80.0	100.0
毫安表读数（mA）						
直流数字毫安表读数（mA）						

4. 将基本表改装为量程为 1V 电压表

（1）将分压电阻 900Ω 与基本表相串接，这样基本表就被改装成为满量程为 1V 的电压表。

（2）调节直流稳压电源的输出，使其从 0V 依次增加 0.2V，用改装成的电压表进行测量，并记录之，数据填入表 1 - 14 中。

（3）再用直流数字电压表重复测量（2）的数据，填入表 1 - 14 中，与改装后的 1V 电压表的读数进行比较。

表 1 - 14　　　　　　　　　　　改装后 **1V 电压表的测量数据**

电压源输出（V）	0.0	0.2	0.4	0.6	0.8	1.0
改装表读数（V）						
直流数字电压表读数（V）						

5. 将基本表改装为量程为 10V 电压表

（1）将分压电阻 9.9kΩ 与基本表相串接，这样基本表就被改装成为满量程为 10V 的电压表。

（2）调节直流稳压电源的输出，使其从 0V 依次增加 2V，用改装成的电压表进行测量，并记录之，数据填入表 1 - 15 中。

表 1 - 15　　　　　　　　　　　改装后 **10V 电压表的测量数据**

电压源输出（V）	0.0	2.0	4.0	6.0	8.0	10.0
改装表读数（V）						
直流数字电压表读数（V）						

（3）再用直流数字电压表重复测量（2）的数据，填入表 1-15 中，与改装后的 10V 电压表的读数进行比较。

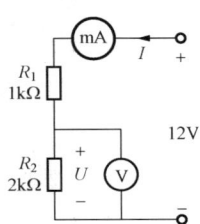

6. 改装后电压表和电流表的应用

用改装的电压表和电流表分别测量图 1-12 所示电路中的电阻 R_2 两端的电压和流过 R_2 的电流，将数据填入表 1-16 中。

图 1-12　测试电路

表 1-16　　　　　　　　　　电阻 R_2 的测量数据

改装表电压表读数	改装表电流表读数	直流数字电压表读数	直流数字毫安表读数
$U=$＿＿＿＿＿ V	$I=$＿＿＿＿＿ mA	$U=$＿＿＿＿＿ V	$I=$＿＿＿＿＿ mA

五、实验注意事项

（1）输入仪表的电压和电流要注意到仪表的量程，不可过大，以免损坏仪表；

（2）可外接标准表（如直流数字毫安表和直流数字电压表作为标准表）进行校验；

（3）注意接入仪表的信号的正、负极性，以免指针反偏而损坏仪表。

六、预习思考题

（1）复习两个电阻串联的分压公式及两个电阻并联的分流公式；

（2）直流数字电压表和直流数字毫安表的使用；

（3）将基本表改装成不同量程电压表和电流表串联电阻和并联电阻的计算。

七、实验报告

（1）总结电路理论中串联电阻分压、并联电阻分流的具体应用；

（2）总结基本表的改装方法；

（3）测量误差的分析。

实验四　电路元件伏安特性的测试

一、实验目的

（1）学会识别常用电路元件的方法；

（2）掌握线性电阻、非线性电阻元件伏安特性的逐点测试法；

（3）掌握实验台上直流电工仪表和设备的使用方法；

（4）观察线性电阻、非线性电阻元件工作时的现象。

二、实验原理

任何一个二端元件的特性可用该元件上的端电压 U 与通过该元件的电流 I 之间的函数关系可用 $I=f(U)$ 来表示，即用 I-U 平面上的一条曲线来表征，这条曲线称为该元件的伏安特性曲线。

（1）线性电阻器的伏安特性曲线是一条通过坐标原点的直线，如图 1-13 中 a 曲线所示，该直线的斜率的倒数等于该电阻器的电阻值。

（2）一般的白炽灯在工作时灯丝处于高温状态，其灯丝电阻随着温度的升高而增大，通过白炽灯的电流越大，其温度越高，阻值也越大，一般灯泡的"冷电阻"与"热电阻"的阻值可相差几倍至十几倍，所以它的伏安特性如图 1-13 中 b 曲线所示。

（3）一般的半导体二极管是一个非线性电阻元件，其伏安特性如图 1-13 中 c 曲线所示。正向压降很小（一般的锗管约为 0.2~0.3V，硅管约为 0.5~0.7V），正向电流随正向压降的升高而急剧上升，而反向电压从零一直增加到十至几十伏时，其反向电流增加很小，粗略地可视为零。可见，二极管具有单向导电性，但反向电压加得过高，超过管子的极限值，则会导致管子击穿损坏。

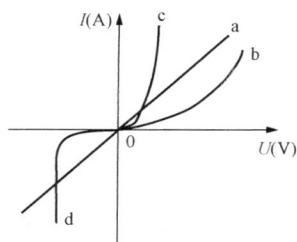

图 1-13 二端电阻
元件的伏安特性

（4）稳压二极管是一种特殊的半导体二极管，其正向特性与普通二极管类似，但其反向特性较特别，如图 1-13 中 d 曲线所示。在反向电压开始增加时，其反向电流几乎为零，但当电压增加到某一数值时（称为管子的稳压值，有各种不同稳压值的稳压管）电流将突然增加，以后它的端电压将基本维持恒定，当外加的反向电压继续升高时其端电压仅有少量增加。

注意：流过二极管或稳压二极管的电流不能超过管子的极限值，否则管子会被烧坏。

三、实验设备

实验设备见表 1-17。

表 1-17 　　　　　　　实 验 设 备

序 号	名 称	型号与规格	数 量
1	可调直流稳压电源	0~30V	1 个
2	直流数字毫安表	0~200mA	1 台
3	直流数字电压表	0~200V	1 台
4	二极管	1N4007	1 个
5	稳压管	2CW51	1 个
6	白炽灯	12V，0.1A	1 个
7	线性电阻器	200Ω，510Ω/8W	1 台

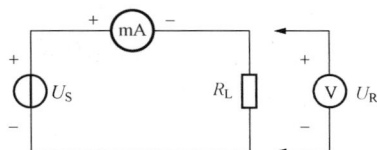

图 1-14 测量电阻伏安特性的电路

四、实验内容

1. 测定线性电阻器的伏安特性

按图 1-14 接线，R_L 为 510Ω 的线性电阻器，调节稳压电源的输出电压 U_S，从 0V 开始缓慢地增加，一直到 10V，记下相应的电压表和电流表的读数 U_R、I，数据填入表 1-18 中。

表 1-18 　　　　　　测量电阻伏安特性的数据

U_S(V)	0.0	1.0	2.0	3.0	4.0	5.0	6.0	7.0	8.0	9.0	10.0
U_R(V)											
I(mA)											

2. 测定非线性白炽灯泡的伏安特性

将图 1-14 中的 R_L 换成一只 12V，0.1A 的灯泡，重复步骤 1。U_L 为灯泡的端电压，将数据填入表 1-19 中。

表 1-19 　　　　　　　　　　　　　 测量灯泡伏安特性的数据

U_S(V)	0.1	0.5	1.0	2.0	3.0	4.0	5.0	6.0	7.0	8.0	9.0	10.0
U_L(V)												
I(mA)												

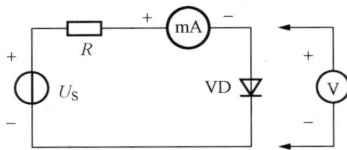

图 1-15 测量二极管伏安
特性的电路

3. 测定半导体二极管 1N4007 的伏安特性

按图 1-15 接线，R 为 200Ω 的限流电阻器，二极管 VD 型号为 1N4007。测二极管的正向特性时，其正向电流不得超过 35mA，二极管 VD 的正向电压 U_{D+} 可在 $0\sim0.75V$ 之间取值。在 $0.5\sim0.75V$ 之间应多取几个测量点。测反向特性时，只需将图 1-15 中的二极管 VD 反接，且其反向电压 U_{D-} 可达 30V，将数据填入表 1-20 和表 1-21 中。

表 1-20 　　　　　　　　　　　　　 二极管正向特性实验数据

U_S(V)	0.10	0.30	0.50	0.55	0.60	0.65	0.70	0.75	0.90
U_{D+}(V)									
I(mA)									

表 1-21 　　　　　　　　　　　　　 二极管反向特性实验数据

U_S(V)	0.0	5.0	10.0	15.0	20.0	25.0	30.0
U_{D-}(V)							
I(mA)							

4. 测定稳压二极管 2CW51 的伏安特性

（1）正向特性实验

将图 1-15 中的 R 换成 510Ω，二极管 VD 换成稳压二极管 2CW51，重复实验内容 3 中的正向测量。U_{Z+} 为 2CW51 的正向电压，将数据填入表 1-22 中。

表 1-22 　　　　　　　　　　　 稳压二极管正向特性的实验数据

U_S(V)	0.10	0.30	0.50	0.55	0.60	0.65	0.70	0.75	0.90
U_{Z+}(V)									
I(mA)									

（2）反向特性实验

将图 1-15 中的 R 换成 510Ω，2CW51 反接，测量 2CW51 的反向特性。稳压电源的输出电压 U_S 从 $0\sim20V$，测量 2CW51 二端的电压 U_{Z-} 及电流 I，由 U_{Z-} 可看出其稳压特性，将数据填入表 1-23 中。

表 1 - 23　　　　　　　　　　稳压二极管反向特性的实验数据

U_S(V)	0.0	1.0	2.0	5.0	10.0	15.0	20.0
U_{Z-}(V)							
I(mA)							

*5. 测定半导体二极管 2AP9 的伏安特性

按图 1-15 接线，R 为 200Ω 的限流电阻器，二极管 VD 型号为 2AP9，将数据填入表 1-24 和表 1-25 中。

表 1 - 24　　　　　　　　　　二极管正向特性实验数据

U_S(V)	0.00	0.10	0.13	0.15	0.17	0.19	0.21	0.24	0.30
U_{D+}(V)									
I(mA)									

表 1 - 25　　　　　　　　　　二极管反向特性实验数据

U_S(V)	0.0	1.0	2.0	4.0	6.0	8.0	10.0
U_{D-}(V)							
I(mA)							

五、实验注意事项

（1）测二极管正向特性时，稳压电源输出应由小至大逐渐增加，应时刻注意电流表读数不得超过 35mA。

（2）稳压电源输出端切勿短路。

（3）进行不同实验时，应先估算电压和电流值，合理选择仪表的量程。

（4）实验中注意电压表和电流表的量程，勿使仪表超量程，仪表的极性也不能接错。

六、预习思考题

（1）非线性电阻与线性电阻的概念是什么？其伏安特性有何区别？

（2）电阻器与二极管的伏安特性有何区别？

（3）设某器件伏安特性曲线的函数表达式为 $I = f(U)$，试问用逐点法绘制曲线时，其坐标变量应如何放置？

（4）普通二极管与稳压二极管有何区别？其应用场合是否一致？

（5）在图 1-15 中，设 $U=2$V，$U_{D+}=0.7$V，则电流表的读数应该为多少？

七、实验报告

（1）根据各实验测量数据，分别在坐标纸上绘制出光滑的伏安特性曲线（其中二极管和稳压二极管的正、反向特性均要求画在同一张图中，正、反向电压可取为不同的比例尺）。

（2）根据实验测量结果，总结、归纳被测各元件的特性。

（3）测量误差的分析。

实验五　受控电源实验的研究

一、实验目的

（1）进一步掌握受控电源的基本概念；

（2）加深对受控电源的认识和理解；

（3）通过测试，掌握受控电源的外特性及其转移参数。

二、实验原理

1. 受控电源

受控电源是用来表征在电子器件中所发生的物理现象的一种模型，它反映了电路中某处的电压或电流控制另一处的电压或电流的关系。电压或电流的大小和方向受电路中其他地方的电压（或电流）控制的电源，称受控电源。受控电源有两个控制端钮（又称输入端），两个受控端钮（又称输出端），所以受控源也称为四端元件。根据控制量和被控制量是电压 u 或电流 i，受控源可分四种类型：当被控制量是电压时，用受控电压源表示；当被控制量是电流时，用受控电流源表示。

受控电源是四端器件，它有一对输入端（U_1、I_1）和一对输出端（U_2、I_2）。输入端可以控制输出端电压或电流的大小。施加于输入端的控制量可以是电压或者是电流，因而受控电压源有两种：电压控制电压源 VCVS 和电流控制电压源 CCVS；受控电流源也有两种：电压控制电流源 VCCS 和电流控制电流源 CCCS。它们的图形符号如图 1-16 所示。为了与独立电源相区别，用菱形符号表示其电源部分。图 1-16 中 U_1 和 I_1 分别表示控制电压和控制电流，μ、r_m、g_m 和 α 分别是有关的控制系数，其中 μ 和 α 是无量纲的量，r_m 和 g_m 分别具有电阻和电导的量纲。这些系数为常数时，被控制量和控制量成正比，这种受控电源称为线性受控电源。

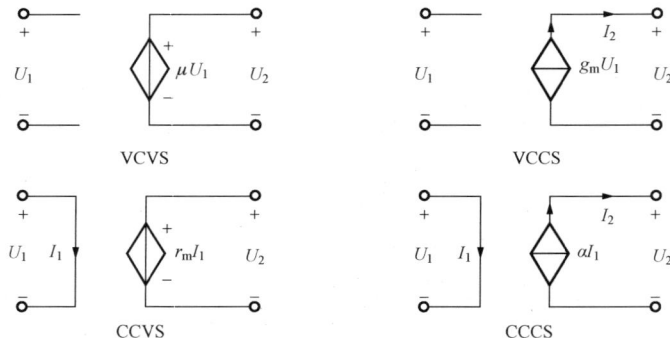

图 1-16　受控源示意图

受控电源的控制端与受控端的关系式称为转移函数。四种受控源的转移函数参量的定义如下。

（1）压控电压源（VCVS）：$U_2 = f(U_1)$，$\mu = U_2/U_1$ 称为转移电压比（或电压增益）。

（2）压控电流源（VCCS）：$I_2 = f(U_1)$，$g_m = I_2/U_1$ 称为转移电导。

（3）流控电压源（CCVS）：$U_2 = f(I_1)$，$r_m = U_2/I_1$ 称为转移电阻。

（4）流控电流源（CCCS）：$I_2 = f(I_1)$，$\alpha = I_2/I_1$ 称为转移电流比（或电流增益）。

2. 独立电源与受控电源的区别

受控电源又称非独立电源。受控电压源的电压和受控电流源的电流与独立电压源的电压或独立电流源的电流有所不同，受控电源的电压或电流受电路中某条支路的电压或电流控制，是一个变化的量，独立电源的电压或电流是独立量，是一个恒定不变的量。

受控电源与独立电源的不同点是：独立电源的电压 U_S 或电流 I_S 是某一固定的数值或是时间的函数，它不随电路其余部分的状态而变。而受控电源的电压或电流则是随电路中另一支路的电压或电流而变的一种电源。

受控电源又与无源元件不同，无源元件两端的电压和它自身的电流有一定的函数关系，而受控电源的输出电压或电流则和另一支路（或元件）的电流或电压有某种函数关系。

三、实验设备

实验设备见表 1-26。

表 1-26　　　　　　实 验 设 备

序　号	名　　　称	型号与规格	数　量
1	直流稳压电源	0～30V	1个
2	直流恒流源	0～500mA	1个
3	直流数字电压表	0～200V	1台
4	直流数字毫安表	0～200mA	1台
5	十进制可变电阻箱	0～99 999.9Ω	1台
6	受控源实验电路板		1台

四、实验内容

1. 测量受控电源 VCVS 的转移特性及负载特性

测量受控电源 VCVS 的转移特性 $U_2 = f(U_1)$ 及负载特性 $U_2 = f(I_2)$，实验电路如图 1-17 所示。

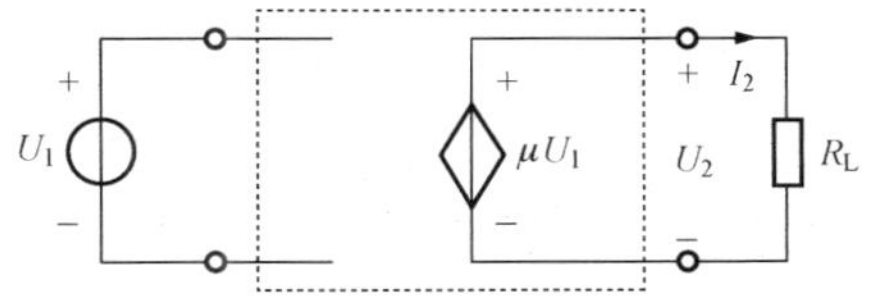

（1）不接电流表，固定 $R_L = 2k\Omega$，按表 1-27 所列电压 U_1，测量相应的 U_2 值，记入表 1-27 中。在坐标纸上绘出电压转移特性曲线 $U_2 = f(U_1)$，并在其线性部分求出转移电压比 μ。

图 1-17　VCVS

表 1-27　　　　　VCVS 的转移特性曲线数据

U_1(V)	0	0.5	1.0	1.5	2.0	2.5	3.0	3.5	4.0	4.5	5.0	μ
U_2(V)												

（2）接入电流表，保持 $U_1 = 2V$，按表 1-28 调节 R_L 十进制可变电阻箱的阻值，测量 U_2 及 I_2，将测量数据记入表 1-28 中，并绘制负载特性曲线 $U_2 = f(I_2)$。

表 1-28　　　　　VCVS 的负载特性曲线数据

R_L(Ω)	500	600	700	800	900	1000	1100	1200	1300	1400	1500
U_2(V)											
I_2(mA)											

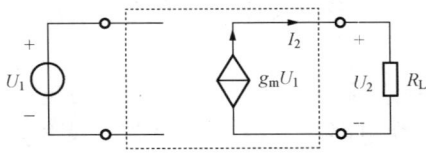

图 1 - 18　VCCS

2. 测量受控源 VCCS 的转移特性及负载特性

测量受控源 VCCS 的转移特性 $I_2 = f(U_1)$ 及负载特性 $I_2 = f(U_2)$，实验电路如图 1 - 18 所示。

（1）固定 $R_L = 2k\Omega$，按表 1 - 29 调节稳压电源的输出电压 U_1，测出相应的 I_2 值，记入表 1 - 29 中。绘制 $I_2 = f(U_1)$ 曲线，并由其线性部分求出转移电导 g_m。

表 1 - 29　　　　　　　　　　　　VCCS 的转移特性曲线数据

U_1(V)	0.1	0.2	0.3	0.5	0.8	1.0	1.5	2.0	2.5	3.0	3.5	g_m
I_2(mA)												

（2）保持 $U_1 = 2V$，按表 1 - 30 调节 R_L 从大到小变化，测出相应的 I_2 及 U_2，记入表 1 - 30 中，并绘制 $I_2 = f(U_2)$ 曲线。

表 1 - 30　　　　　　　　　　　　VCCS 的负载特性曲线数据

R_L(kΩ)	4.0	3.0	2.0	1.5	1.0	0.5	0.4	0.3	0.2	0.1	0
I_2(mA)											
U_2(V)											

3. 测量受控源 CCVS 的转移特性与负载特性

测量受控源 CCVS 的转移特性 $U_2 = f(I_1)$ 与负载特性 $U_2 = f(I_2)$，实验电路如图 1 - 19 所示。

（1）固定 $R_L = 2k\Omega$，调节恒流源的输出电流 I_1，按表 1 - 31 所列 I_1 值，测出 U_2，记入表 1 - 31 中，并绘制 $U_2 = f(I_1)$ 曲线，并由其线性部分求出转移电阻 r_m。

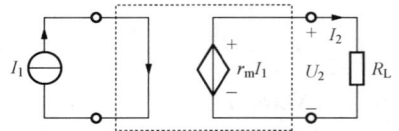

图 1 - 19　CCVS

表 1 - 31　　　　　　　　　　　　CCVS 的转移特性曲线数据

I_1(mA)	0.0	0.5	1.0	2.0	3.0	4.0	5.0	6.0	7.0	8.0	9.0	r_m
U_2(V)												

（2）保持 $I_1 = 2mA$，按表 1 - 32 所列 R_L 值，测出 U_2 及 I_2，记入表 1 - 32 中，并绘制负载特性曲线 $U_2 = f(I_2)$。

表 1 - 32　　　　　　　　　　　　CCVS 的负载特性曲线数据

R_L(kΩ)	0.5	1.0	2.0	3.0	4.0	5.0	6.0	7.0	8.0	9.0	10
U_2(V)											
I_2(mA)											

4. 测量受控源 CCCS 的转移特性及负载特性

测量受控源 CCCS 的转移特性 $I_2 = f(I_1)$ 及负载特性 $I_2 = f(U_2)$，实验电路如图 1 - 20

所示。

（1）固定 R_L＝2kΩ，按表 1-33 调节恒流源的输出电流 I_1 值，测出 I_2，记入表 1-33 中。绘制 $I_2 = f(I_1)$ 曲线，并由其线性部分求出转移电流比 α。

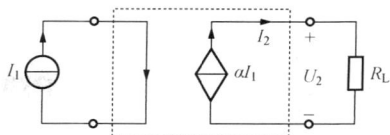

图 1-20 CCCS

表 1-33   **CCCS 的转移特性曲线数据**

I_1(mA)	0	0.02	0.04	0.06	0.08	0.10	0.15	0.20	0.25	0.30	0.40	α
I_2(mA)												

（2）保持 I_1＝0.4mA，令 R_L 为表 1-34 所列值，测出 I_2，记入表 1-34 中，并绘制 $I_2 = f(U_2)$ 曲线。

表 1-34   **CCCS 的负载特性曲线数据**

R_L(kΩ)	0	0.2	0.4	0.6	0.8	1	2	3	4	5	10
I_2(mA)											
U_2(V)											

五、实验注意事项

（1）每次组装电路，必须先断开供电电源，但不必关闭电源总开关。

（2）用直流恒流源供电的实验中，不要使直流恒流源的负载开路。

六、预习思考题

（1）受控源和独立源相比有何异同点？比较四种受控源的电路符号、电路模型、控制量与被控量的关系如何？

（2）四种受控源中的 r_m、g_m、α 和 μ 的意义是什么？如何测得？

（3）若受控源控制量的极性反向，试问其输出极性是否发生变化？

七、实验报告

（1）根据实验数据，在坐标纸上分别绘出四种受控源的转移特性和负载特性曲线，并求出相应的转移参量；

（2）对预习思考题作必要的回答；

（3）对实验的结果作出合理的分析和结论，总结对四种受控源的认识和理解。

实验六 电压源与电流源的等效变换

一、实验目的

（1）掌握电压源和电流源外特性的测试方法；

（2）掌握实际电压源与实际电流源等效变换的条件；

（3）掌握建立电压源和电流源模型的方法。

二、实验原理

1. 电压源

电压源是一个理想的电路元件，其端电压 $u(t)$ 为

$$u(t) = u_S(t)$$

式中：$u_S(t)$ 为给定的时间函数，而电压 $u(t)$ 与通过元件的电流无关，总保持为给定的时间函数。电压源中电流的大小由外电路决定。电压源的图形符号如图 1-21（a）所示。当 $u_S(t)$ 为恒定值时，这种电压源称为恒定电压源或直流电压源，也可用图 1-21（b）所示的图形符号表示，其中长划表示电源的正极，电压值则用 U_S 表示。

图 1-22（a）示出电压源接外电路的情况。端子 1、2 之间的电压 $u(t)$ 等于 $u_S(t)$，不受外电路的影响。图 1-22（b）所示直流电压源的伏安特性，其伏安特性曲线 $U = f(I)$ 是一条平行于 I 轴的直线，它不随时间改变。

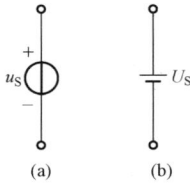

图 1-21　电压源图形符号　　　　　　图 1-22　电压源的伏安特性

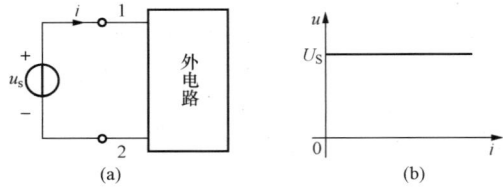

2. 电流源

电流源是一个理想的电路元件。电流源发出的电流 $i(t)$ 为

$$i(t) = i_S(t)$$

式中，$i_S(t)$ 为给定的时间函数，而电流 $i(t)$ 与元件的端电压无关，并总保持为给定的时间函数。电流源的端电压由外电路决定。电流源的图形符号如图 1-23 所示。当 $i_S(t)$ 为恒定值时，这种电流源称为恒定电流源或直流电流源。

图 1-24（a）所示为电流源接外电路的情况。端子 1、2 之间的电流 $i(t)$ 等于 $i_S(t)$，不受外电路的影响。图 1-24（b）所示直流电流源的伏安特性，其伏安特性曲线 $U = f(I)$ 是一条平行于 u 轴的直线，它不随时间改变。

图 1-23　电流源图形符号　　　　　　图 1-24　电流源的伏安特性

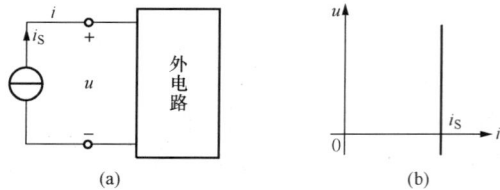

3. 电压源与电流源的等效变换

一个实际的电源，就其外部特性而言，既可以看成是一个电压源，又可以看成是一个电流源。若视为电压源，则可用一个理想的电压源 U_S 与一个电阻 R_0 相串联的组合来表示；若视为电流源，则可用一个理想电流源 I_S 与一电阻 R_0' 相并联的组合来表示。如果这两种电源能向同样大小的负载供出同样大小的电流和端电压，则称这两个电源是等效的，即具有相同的外特性。

一个电压源与一个电流源等效变换的条件为

$$I_S = \frac{U_S}{R_0}, \ R_0' = R_0$$

或

$$U_S = I_S R_0', \quad R_0 = R_0'$$

实际电压源与实际电流源的等效变换电路如图 1-25 所示。

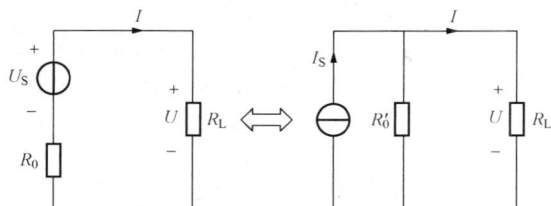

图 1-25 实际电压源与实际电流源的等效变换

三、实验设备

实验设备见表 1-35。

表 1-35 实 验 设 备

序 号	名 称	型号与规格	数 量
1	直流稳压电源	0～30V	1个
2	直流恒流源	0～500mA	1个
3	直流数字电压表	0～200V	1个
4	直流数字毫安表	0～200mA	1个
5	电阻器	200Ω，510Ω，1kΩ	各1个
6	十进制可变电阻箱	0～99 999.9Ω	1个
7	电压源与电流源等效变换实验电路		1个

四、实验内容

1. 测试理想电压源与实际电压源的外特性

（1）理想电压源外特性测试：

测量理想电压源外特性电路如图 1-26 所示，按图接线。U_S 为 +12V 直流稳压电源。按表 1-36 调节十进制可变电阻箱 R_L，令其阻值由大至小变化，并记录直流数字电压表和直流数字电流表的读数，将数据填入表 1-36 中。

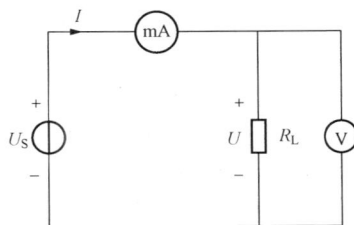

图 1-26 测量理想电压源外特性电路

表 1-36 直流理想电压源的电压、电流的实验数据

$R_L(\Omega)$	∞	1000	800	600	400	200	100
$U(V)$							
$I(mA)$							

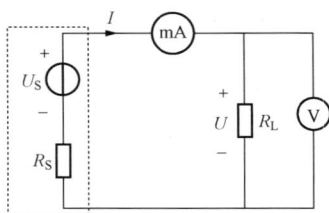

图 1-27　测量实际电压源外特性电路

（2）实际电压源外特性测试：

测量实际电压源外特性电路如图 1-27 所示，按图接线。U_S 为 +12V 直流稳压电源，$R_S=1\text{k}\Omega$ 为电压源内阻，虚线框可模拟为一个实际的电压源。按表 1-37 调节十进制可变电阻箱 R_L，令其阻值由大至小变化，并记录直流数字电压表和直流数字电流表的读数，将数据填入表 1-37 中。

表 1-37　　　　　**直流实际电压源的电压、电流的实验数据**

$R_L(\Omega)$	∞	1000	800	600	400	200	100
$U(\text{V})$							
$I(\text{mA})$							

2. 测试理想电流源与实际电流源的外特性

（1）理想电流源外特性测试：

测量理想电流源外特性电路如图 1-28 所示，按图接线。I_S 为 10mA 直流电流源。按表 1-38 调节十进制可变电阻箱 R_L，令其阻值由小至大变化，并记录直流数字电压表和直流数字电流表的读数，将数据填入表 1-38 中。

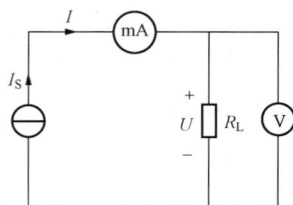

图 1-28　测量理想电流源外特性电路

表 1-38　　　　　**直流理想电流源的电压、电流的实验数据**

$R_L(\Omega)$	0	100	200	400	600	800	1000
$U(\text{V})$							
$I(\text{mA})$							

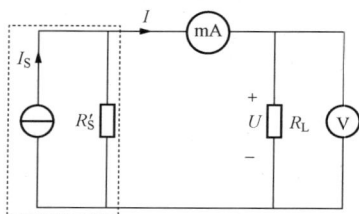

图 1-29　测量实际电流源外特性电路

（2）实际电流源外特性测试：

测量实际电流源外特性电路如图 1-29 所示，按图接线。I_S 为 10mA 直流电流源，$R_S'=1\text{k}\Omega$ 为电流源内阻，虚线框可模拟为一个实际的电流源。按表 1-39 调节十进制可变电阻箱 R_L，令其阻值由小至大变化，并记录直流数字电压表和直流数字电流表的读数，数据填入表 1-39 中。

表 1-39　　　　　**直流实际电流源的电压、电流的实验数据**

$R_L(\Omega)$	0	100	200	400	600	800	1000
$U(\text{V})$							
$I(\text{mA})$							

3. 测定电源等效变换的条件

测量电流源等效变换的电路如图 1-30 所示，先按图 1-30（a）所示电路接线，其中 U_S

为 +12V 直流稳压电源，$R_S=1k\Omega$，$R_L=2k\Omega$，记录电路中 U 与 I 的读数，将数据填入表 1-40 中。然后按图 1-30（b）接线，$R'_S=1k\Omega$，$R_L=2k\Omega$，调节图 1-30（b）中的理想电流源 I_S，使电路中 U 与 I 的读数与图 1-30（a）中 U 与 I 的数值相等，记录理想电流源 I_S 的电流值，填入表 1-40 中，验证等效变换条件的正确性。

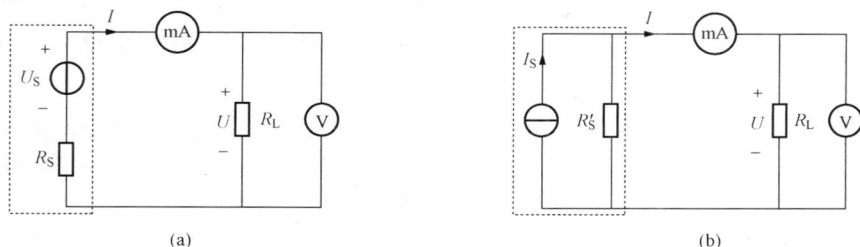

(a)   (b)

图 1-30 测量电流源等效变换的电路

表 1-40   **电压源等效电流源的测定**

实 际 电 压 源					实 际 电 流 源		
$U_S(V)$	$R_S(\Omega)$	$R_L(\Omega)$	$U(V)$	$I(mA)$	$I_S(mA)$	$R'_S(k\Omega)$	$R_L(k\Omega)$
12	1	2				1	2

五、实验注意事项

(1) 在测试理想电压源外特性时，不要忘记测量开路时的电压值。

(2) 在测试理想电流源外特性时，不要忘记测量短路时的电流值。注意恒流源负载电压不要超过 20V，负载不要开路。

(3) 换接电路时，必须关闭电源开关。

(4) 直流数字电压表和直流数字电流表的接入应注意极性与量程。

六、预习思考题

(1) 理想电压源的输出端不允许短路，理想电流源的输出端不允许开路，为什么？

(2) 实际电压源与实际电流源的外特性为什么呈下降变化趋势，而理想电压源和理想电流源的输出在任何负载下保持定值？

(3) 理想电压源与理想电流源之间存在等效变换吗？为什么？

七、实验报告

(1) 根据实验数据绘出电源的四条外特性曲线，并总结、归纳各类电源的特性。

(2) 从实验结果，验证电源等效变换的条件。

实验七　戴维宁定理的验证

一、实验目的

(1) 验证戴维宁定理的正确性，加深对该定理的理解；

(2) 掌握测量有源二端网络等效参数的一般方法；

(3) 掌握测量开路电压与等效内阻的方法。

二、实验原理

1. 戴维宁定理内容

任何一个线性有源网络，如果仅研究其中某一条支路的电压和电流，则可将该条支路去掉，把电路的其余部分看作是一个有源二端网络。所谓二端网络，是指任何一个复杂的电路，向外引出两个端子，且从一个端子流入的电流等于从另一端子流出的电流，则称该电路为二端网络（或一端口网络）。若二端网络内部含有电源则称为有源二端网络，内部不含有电源则称为无源二端网络。

有源二端网络不仅能产生电能，而且本身也消耗电能。在对外部电路等效的条件下，即保持有源二端网络的输出电压和电流不变的条件下，有源二端网络产生电能的作用可以用一个总的理想电源元件来表示，消耗电能的作用可以用一个总的理想电阻元件来表示。如果理想电源元件是理想电压源，即有源二端网络等效为一个理想电压源和一个理想电阻元件的串联，这就被称为戴维宁定理。

戴维宁定理指出：任何一个线性有源二端网络，总可以用一个理想电压源 U_S 与一个电阻 R_0 的串联来等效代替，理想电压源的电压 U_S 等于这个有源二端网络的开路电压 U_{OC}，电阻 R_0 等于该有源二端网络中所有独立源均置零（理想电压源视为短路，理想电流源视为开路）时的等效电阻 R_{eq}。U_S 和 R_0 称为有源二端网络的等效参数。

2. 有源二端网络等效电阻的测量方法

（1）开路电压、短路电流法：

在有源二端网络输出端开路时，用电压表直接测其输出端的开路电压 U_{OC}，然后再将其输出端短路，用电流表测其短路电流 I_{SC}，则等效内阻为

$$R_0 = \frac{U_{OC}}{I_{SC}}$$

如果二端网络的内阻很小，若将其输出端口短路则易损坏其内部元件，因此不宜用此法。

（2）伏安法：

用电压表、电流表测出有源二端网络的外特性曲线如图 1-31 所示。根据外特性曲线求出斜率 $\tan\varphi$，则等效内阻为

$$R_0 = \tan\varphi = \frac{\Delta U}{\Delta I}$$

（3）半电压法：

半电压法测内阻的测量电路如图 1-32 所示，当负载电压为被测网络开路电压的一半时，负载电阻（即电阻箱 R_L）的阻值就是被测有源二端网络的等效内阻值。

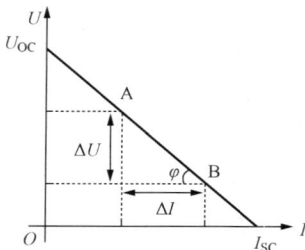

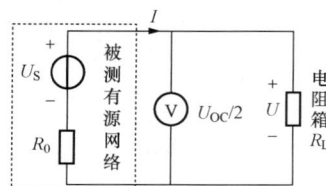

图 1-31 外特性曲线   图 1-32 半电压法测内阻的测量电路

三、实验设备

实验设备见表 1-41。

表 1-41　　　　　　　　　　　　实　验　设　备

序　号	名　　　称	型号与规格	数　量
1	直流稳压电源	0～30V	1个
2	直流恒流源	0～500mA	1个
3	直流数字电压表	0～200V	1台
4	直流数字毫安表	0～200mA	1台
5	十进制可变电阻箱	0～99 999.9Ω	1台
6	戴维宁定理实验电路板		1台

四、实验内容

被测有源二端网络如图 1-33（a）所示，其中理想电压源 $U_S = 12V$ 和理想电流源 $I_S = 10mA$。

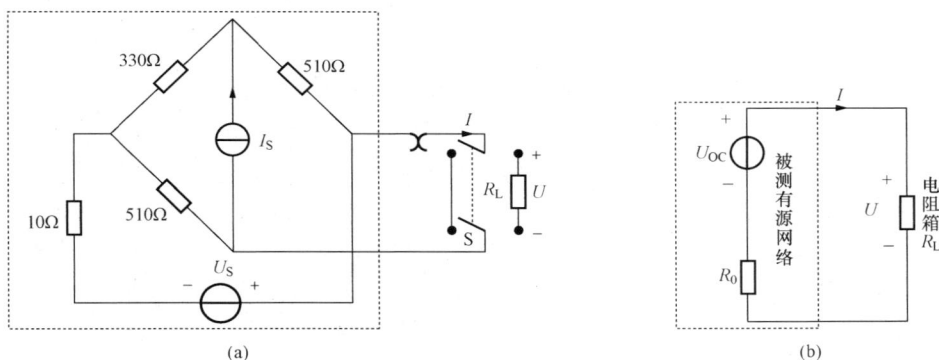

图 1-33　有源二端网络

（a）电路原理图；（b）等效电路

1. 开路电压、短路电流法

测量戴维宁等效电路的等效参数 U_{OC}、R_0。按照图 1-33（a）所示电路接入直流稳压电源 $U_S = 12V$ 和恒流源 $I_S = 10mA$，不接入 R_L。测量出开路电压 U_{OC}，并将测量数据填入表 1-42 中；然后将开关 S 投向短路线侧即将负载电阻 R_L 短路，测量出短路电流 I_{SC}，并将测量数据填入表 1-42 中；根据公式计算出 R_0，将计算数据填入表 1-42 中。

表 1-42　　　　　　　　　开路电压、短路电流法的实验数据

	$U_{OC}(V)$	$I_{SC}(mA)$	$R_0(\Omega)$
理论值			
实测值			

2. 伏安法

按图 1-33（a）所示电路接入负载电阻 R_L（即十进制可变电阻箱），开关 S 投向负载电阻 R_L 侧。按表 1-43 改变负载电阻 R_L 的阻值，测量出有源二端网络的输出电压 U 和电流 I，并将数据填入表 1-43 中。

表 1-43   **有源二端网络的外特性实验数据**

$R_L(\text{k}\Omega)$	1	2	3	4	5	6	7	8	9
$U(\text{V})$									
$I(\text{mA})$									

3. 半电压法

按图 1-33（a）接入负载电阻 R_L（即电阻箱）。改变电阻箱 R_L 阻值，使其两端电压等于 U_{OC} 的一半，电阻箱 R_L 的阻值记录于表 1-44 中。

表 1-44   **有源二端网络的等效电阻、开路电压的实验数据**

$U_{OC}(\text{V})$	$R_0(\Omega)$

五、实验注意事项

（1）测量时应注意直流数字电压表、直流数字毫安表量程的更换；

（2）改接电路时，先关掉电源，再连接线路；

（3）注意测量开路电压 U_{OC} 时，不应该接入直流数字毫安表。

六、预习思考题

计算图 1-33（a）所示有源二端网络开路电压 U_{OC}、短路电流 I_{SC} 及等效电阻 R_{eq}。

七、实验报告

（1）根据步骤 1 的方法测得的 U_{OC} 与 R_0 与预习时电路计算的结果作比较，分析误差产生的原因？

（2）根据步骤 2 绘出伏安特性曲线，验证戴维宁定理的正确性，并分析产生误差的原因。

实验八　最大功率传输条件测试

一、实验目的

（1）掌握最大传输功率定理的内容及其应用；

（2）掌握负载获得最大传输功率的条件；

（3）理解电源输出功率与效率的关系。

二、实验原理

一个有源线性二端网络，当所接负载不同时，该有源线性二端网络传输给负载的功率就不同。讨论负载为何值时能从有源线性二端网络获取最大功率及最大功率的值是多少的问题就是最大功率传输定理所要表述的内容。

根据戴维宁定理，可将有源二端网络等效成一个理想电压源 U_S 与一个电阻 R_0 的串联的电路模型，如图 1-34 所示。

由图 1-34 可知：有源线性二端网络传输给负载电阻 R_L 的功率为

$$P = I^2 R_L = \left(\frac{U_S}{R_0 + R_L}\right)^2 R_L$$

当 $R_L = 0$ 或 $R_L = \infty$ 时，有源线性二端网络输送给负载的功率均为零。而以不同的负载电阻 R_L 的阻值代入上式可求得不同的 P 值。功率 P 随负载电阻 R_L 的阻值而变化，变化曲线如图 1-35 所示。由图 1-35 可知：存在一极大值点。

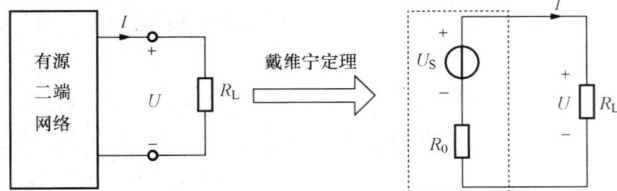

图 1-34　戴维宁定理等效电路　　　　图 1-35　功率 P 曲线

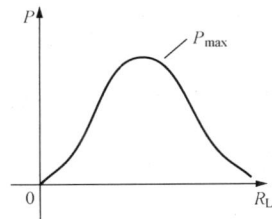

根据数学求最大值的方法，令负载功率表达式中的 R_L 为自变量，P 为因变量，并使 $\dfrac{dP}{dR_L} = 0$，即可求出负载获得最大功率传输的条件为

$$\frac{dP}{dR_L} = 0$$

即

$$\frac{dP}{dR_L} = \frac{[(R_0 + R_L)^2 - 2R_L(R_L + R_0)]U_S^2}{(R_0 + R_L)^4}$$

令

$$(R_0 + R_L)^2 - 2R_L(R_L + R_0) = 0$$

解得

$$R_L = R_0$$

当满足 $R_L = R_0$ 时，负载从电源获得的最大功率为

$$P_{max} = \left(\frac{U_S}{R_0 + R_L}\right)^2 R_L = \left(\frac{U_S}{2R_L}\right)^2 R_L = \frac{U_S^2}{4R_L}$$

因此，有源线性二端网络传输给负载的最大功率条件是：负载电阻 R_L 等于有源线性二端网络的等效内阻 R_{eq}，称这一条件为最大功率匹配条件。将这一条件代入功率表达式中，得负载获取的最大功率为

$$P_{max} = \frac{U_S^2}{4R_0}$$

需要注意的是：

（1）最大功率传输定理用于线性含源一端口给定的电路，负载电阻可调的情况；

（2）计算最大功率问题结合应用戴维宁定理或诺顿定理最方便；

（3）对于有源线性二端网络，当负载获取最大功率时，有源线性二端网络的传输效率是 50%。

三、实验设备

实验设备见表 1-45。

表 1 - 45　　　　　　　　　　　　**实 验 设 备**

序　号	名　　　称	型号与规格	数　量
1	直流数字电流表	0～200mA	1台
2	直流数字电压表	0～200V	1台
3	直流稳压电源	0～30V	1个
4	十进制可变电阻箱		1台
5	最大功率传输条件测定实验电路板		1台

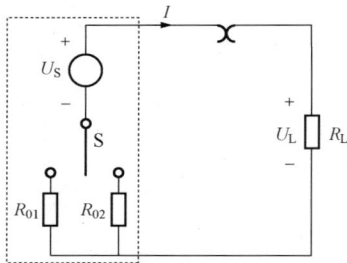

图 1 - 36　最大功率传输
条件测定电路

四、实验内容

按图 1 - 36 所示电路接线，负载电阻 R_L 由十进制可变电阻箱代替。

(1) 电路如图 1 - 36 所示，直流稳压电源 $U_S = 12V$，电阻 $R_{01} = 100\Omega$，电阻 $R_{02} = 300\Omega$。

(2) 将开关 S 拨向电阻 $R_{01} = 100\Omega$ 时，按表 1 - 46 所列负载电阻 R_L 的阻值调节十进制可变电阻箱，分别测出 U_O、U_L 及 I 的值，并将数据填入表 1 - 46 中，再计算出 P_O 和 P_L。表 1 - 46 中的 U_O，P_O 分别为直流稳压电源的输出电压和功率，U_L、P_L 分别为负载电阻 R_L 两端的电压和功率，I 为电路的电流。

表 1 - 46　　　　　　　$R_{01} = 100\Omega$ 最大功率传输条件测定实验数据

	$R_L(\Omega)$	40	50	60	70	80	90	100	110	120	130	140	150	160
$U_S = 12V$ $R_{01} = 100\Omega$	$U_O(V)$													
	$U_L(V)$													
	$I(mA)$													
	$P_O(W)$													
	$P_L(W)$													

(3) 将开关 S 拨向电阻 $R_{02} = 300\Omega$ 时，按表 1 - 47 所列负载电阻 R_L 的阻值调节十进制可变电阻箱，分别测出 U_O、U_L 及 I 的值，并将数据填入表 1 - 47 中，再计算出 P_O 和 P_L。

表 1 - 47　　　　　　　$R_{02} = 300\Omega$ 最大功率传输条件测定实验数据

	$R_L(\Omega)$	240	250	260	270	280	290	300	310	320	330	340	350	360
$U_S = 12V$ $R_{02} = 300\Omega$	$U_O(V)$													
	$U_L(V)$													
	$I(mA)$													
	$P_O(W)$													
	$P_L(W)$													

五、实验注意事项

(1) 测量时应注意直流数字电压表、直流数字毫安表量程的切换；

(2) 改接电路时，先关掉电源，再连接线路；

(3) 注意十进制可变电阻箱的使用及其读数；

(4) 注意电路中开关的使用；

(5) 不允许将直流稳压电源的输出端短路。

六、预习思考题

(1) 电力系统进行电能传输时为什么不能工作在匹配工作状态？

(2) 实际应用中，电源的内阻是否随负载而变？

(3) 电源电压的变化对最大功率传输的条件有无影响？

七、实验报告

(1) 整理实验数据，分别画出两种不同内阻下的下列各关系曲线：

$$I \sim R_L, \quad U_O \sim R_L, \quad U_L \sim R_L, \quad P_O \sim R_L, \quad P_L \sim R_L$$

(2) 根据实验结果，说明负载获得最大功率的条件是什么？

实验九　二端口网络测试

一、实验目的

(1) 加深理解二端口网络的基本理论；

(2) 进一步掌握二端口网络的参数方程；

(3) 掌握直流二端口网络传输参数的测量方法。

二、实验原理

一个线性二端口网络的两个端口的电压和电流四个变量之间的关系，可以用多种形式的
参数方程来表示。图 1-37 所示为一线性二端口网络，在端
口表 1-1′和 2-2′处的电流和电压的参考方向如图 1-37 所示。
本实验的输入端口的电压和电流分别为 U_1 和 I_1，输出端口
的电压和电流分别为 U_2 和 I_2。

图 1-37　无源线性二端口网络

1. Y 参数方程

将线性二端口网络的两个端口电压 U_1 和 U_2 都看做是施
加的独立电压源，则端口电流 I_1 和 I_2 可视为两个电压源单独作用时的响应之和，即

$$\begin{cases} I_1 = Y_{11}U_1 + Y_{12}U_2 \\ I_2 = Y_{21}U_1 + Y_{22}U_2 \end{cases}$$

上式为 Y 参数方程，Y_{11}、Y_{12}、Y_{21} 和 Y_{22} 称为二端口的 Y 参数。

在端口 1 外施电压 U_1，把端口 2 短路，可得 Y 参数方程的参数 Y_{11} 和 Y_{21}：

$$Y_{11} = \frac{I_1}{U_1}\bigg|_{U_2=0} \qquad Y_{21} = \frac{I_2}{U_1}\bigg|_{U_2=0}$$

同理，在端口 2 上外施电压 U_2，把端口 1 短路，可得 Y 参数方程的参数 Y_{12} 和 Y_{22}：

$$Y_{12} = \frac{I_1}{U_2}\bigg|_{U_1=0} \qquad Y_{22} = \frac{I_2}{U_2}\bigg|_{U_1=0}$$

由以上 Y 参数的计算式可知，Y 参数的物理意义如下：

Y_{11} 表示端口 2 短路时，端口 1 处的输入导纳或驱动点导纳；

Y_{21} 表示端口 2 短路时，端口 2 与端口 1 之间的转移导纳。

Y_{12} 表示端口 1 短路时，端口 1 与端口 2 之间的转移导纳。

Y_{22} 表示端口 1 短路时，端口 2 处的输入导纳或驱动点导纳。

2. Z 参数方程

将二端口网络的两个端口各施加一电流源，则端口电压可视为两个电流源单独作用时的响应之和，即

$$\begin{cases} U_1 = Z_{11}I_1 + Z_{12}I_2 \\ U_2 = Z_{21}I_1 + Z_{22}I_2 \end{cases}$$

上式称为 Z 参数方程，Z_{11}、Z_{12}、Z_{21} 和 Z_{22} 称为二端口的 Z 参数。

在端口 1 上外施电流 I_1，把端口 2 开路，由 Z 参数方程得

$$Z_{11} = \frac{U_1}{I_1}\Big|_{I_2=0} \qquad Z_{21} = \frac{U_2}{I_1}\Big|_{I_2=0}$$

在端口 2 上外施电流 I_2，把端口 1 开路，由 Z 参数方程得

$$Z_{12} = \frac{U_1}{I_2}\Big|_{I_1=0} \qquad Z_{22} = \frac{U_2}{I_2}\Big|_{I_1=0}$$

由以上 Z 参数的计算式可知，Z 参数的物理意义如下：

Z_{11} 表示端口 2 开路时，端口 1 处的输入阻抗或驱动点阻抗；

Z_{21} 表示端口 2 开路时，端口 2 与端口 1 之间的转移阻抗；

Z_{12} 表示端口 1 开路时，端口 1 与端口 2 之间的转移阻抗；

Z_{22} 表示端口 1 开路时，端口 2 处的输入阻抗或驱动点阻抗。

3. T 参数方程

在许多工程实际问题中，往往希望找到一个端口的电压、电流与另一个端口的电压、电流之间的直接关系。T 参数用来表示两个端口之间的输入和输出的关系。

两个端口间的输入、输出关系为

$$\begin{cases} U_1 = AU_2 - BI_2 \\ I_1 = CU_2 - DI_2 \end{cases}$$

上式称为 T 参数方程，A、B、C 和 D 称为二端口的 T 参数。注意：应用 T 参数方程时要注意电流 I_2 前面的负号。

T 参数的具体含义可分别用以下各式说明：

$A = \dfrac{U_1}{U_2}\Big|_{I_2=0}$　为端口 2 开路时端口 1 与端口 2 的电压比，称转移电压比；

$B = \dfrac{U_1}{-I_2}\Big|_{U_2=0}$　为端口 2 短路时端口 1 的电压与端口 2 的电流比，称短路转移阻抗；

$C = \dfrac{I_1}{U_2}\Big|_{I_2=0}$　为端口 2 开路时端口 1 的电流与端口 2 的电压比，称开路转移导纳；

$D = \dfrac{I_1}{-I_2}\Big|_{U_2=0}$　为端口 2 短路时端口 1 的电流与端口 2 的电流比，称转移电流比。

由上式可知，只要在网络的输入端口加上电压，在两个端口同时测量其电压和电流，即可求出 A、B、C、D 四个参数，此即为双端口同时测量法。

4. H 参数和方程

用输入电流 I_1 和输出电压 U_2 作为自变量，以输入电压 U_1 和输出电流 I_2 为因变量的方

程称为混合参数方程。其方程为

$$\begin{cases} U_1 = H_{11}I_1 + H_{12}U_2 \\ I_2 = H_{21}I_1 + H_{22}U_2 \end{cases}$$

上式称为 H 参数方程，H_{11}、H_{12}、H_{21}、H_{22} 称为混合参数。

H 参数的物理意义及计算与测定：

$H_{11} = \dfrac{U_1}{I_1}\bigg|_{U_2=0}$，称为短路输入阻抗；$H_{12} = \dfrac{U_1}{U_2}\bigg|_{I_1=0}$，称为开路电压转移比；

$H_{21} = \dfrac{I_2}{I_1}\bigg|_{U_2=0}$，称为短路电流转移比；$H_{22} = \dfrac{I_2}{U_2}\bigg|_{I_1=0}$，称为开路输入阻抗。

三、实验设备

实验设备见表 1-48。

表 1-48 实验设备

序　号	名　　称	型号与规格	数　量
1	直流稳压电源	0～30V	1个
2	直流数字电压表	0～200V	1台
3	直流数字毫安表	0～200mA	1台
4	二端口网络实验电路板		1台

四、实验内容

二端口网络实验电路如图 1-38 所示。将直流稳压电源的输出电压调到 12V，恒流源的输出电流调到 10mA，作为二端口网络的输入。

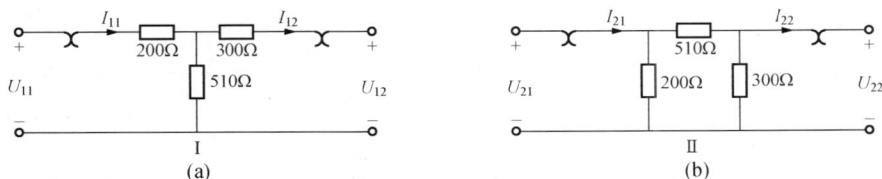

图 1-38　二端口网络

(a) 二端口网络 I；(b) 二端口网络 II

1. Y 参数测量

测量电路如图 1-38 所示，分别测定二端口网络 I 和二端口网络 II 的 Y 参数。调节直流稳压电源使之输出为 12V，即二端口网络 I 中的 $U_{11}=12\text{V}$，$U_{12}=12\text{V}$；二端口网络 II 中的 $U_{21}=12\text{V}$，$U_{22}=12\text{V}$。将数据填入表 1-49 和表 1-50 中，并列出它们的 Y 参数方程。

表 1-49 二端口网络 I 的 Y 参数测量数据

二端口网络 I	测量条件	测量值			计算值	
	输出端短路 $U_{12}=0$	$U_{11S}(\text{V})$	$I_{11S}(\text{mA})$	$I_{12S}(\text{mA})$	Y_{11}	Y_{21}
	输入端短路 $U_{11}=0$	$U_{12S}(\text{V})$	$I_{11S}(\text{mA})$	$I_{12S}(\text{mA})$	Y_{12}	Y_{22}

表 1-50　　　　　　　　　　　　　　二端口网络Ⅱ的 **Y** 参数测量数据

	测量条件	测 量 值			计 算 值	
二端口 网络Ⅱ	输出端短路 $U_{22}=0$	$U_{21S}(V)$	$I_{21S}(mA)$	$I_{22S}(mA)$	Y_{11}	Y_{21}
	输入端短路 $U_{21}=0$	$U_{22S}(V)$	$I_{21S}(mA)$	$I_{22S}(mA)$	Y_{12}	Y_{22}

2. Z 参数测量

测量电路如图 1-38 所示，分别测定二端口网络Ⅰ和二端口网络Ⅱ的 Z 参数。调节恒流源的电流使之输出为 10mA，即二端口网络Ⅰ中的 $I_{11}=10mA$，$I_{12}=10mA$；二端口网络Ⅱ中的 $I_{21}=10mA$，$I_{22}=10mA$。分别将数据填入表 1-51 和表 1-52 中，并列出它们的 Z 参数方程。

3. T 参数测量

测量电路如图 1-38 所示，分别测定二端口网络Ⅰ和二端口网络Ⅱ的 T 参数。采用双端口同时测量法。调节直流稳压电源使之输出为 12V，即二端口网络Ⅰ中的 $U_{11}=12V$；二端口网络Ⅱ中的 $U_{21}=12V$。分别将数据填入表 1-53 和表 1-54 中，并列出它们的 T 参数方程。

表 1-51　　　　　　　　　　　　　　二端口网络Ⅰ的 **Z** 参数测量数据

	测量条件	测 量 值			计 算 值	
二端口 网络Ⅰ	输出端开路 $I_{12}=0$	$U_{11O}(V)$	$U_{12O}(A)$	$I_{11O}(mA)$	Z_{11}	Z_{21}
	输入端开路 $I_{11}=0$	$U_{11O}(V)$	$U_{12O}(A)$	$I_{12O}(mA)$	Z_{12}	Z_{22}

表 1-52　　　　　　　　　　　　　　二端口网络Ⅱ的 **Z** 参数测量数据

	测量条件	测 量 值			计 算 值	
二端口 网络Ⅱ	输出端开路 $I_{22}=0$	$U_{21O}(V)$	$U_{22O}(V)$	$I_{21O}(mA)$	Z_{11}	Z_{21}
	输入端开路 $I_{21}=0$	$U_{21O}(V)$	$U_{22O}(A)$	$I_{22O}(mA)$	Z_{12}	Z_{22}

表 1-53　　　　　　　　　　　　　　二端口网络Ⅰ的 **T** 参数测量数据

	测量条件	测 量 值			计 算 值	
二端口 网络Ⅰ	输出端开路 $I_{12}=0$	$U_{11O}(V)$	$U_{12O}(A)$	$I_{11O}(mA)$	A_1	C_1
	输入端短路 $U_{12}=0$	$U_{11S}(V)$	$I_{11S}(mA)$	$I_{12S}(mA)$	B_1	D_1

表 1 - 54   二端口网络 Ⅱ 的 T 参数测量数据

二端口网络Ⅱ	测量条件	测 量 值			计 算 值	
	输出端开路 $I_{22}=0$	$U_{21O}(V)$	$U_{22O}(A)$	$I_{21O}(mA)$	A_2	B_2
	输入端短路 $U_{22}=0$	$U_{21S}(V)$	$I_{21S}(mA)$	$I_{22S}(mA)$	C_2	D_2

4. H 参数测量

H 参数测量电路如图 1 - 38 所示，分别测定二端口网络Ⅰ和二端口网络Ⅱ的 H 参数。调节直流稳压电源使之输出为 12V，调节恒流源的电流使之输出为 10mA，即二端口网络Ⅰ中的 $I_{11}=10mA$，$U_{12}=12V$；二端口网络Ⅱ中的 $I_{21}=10mA$，$U_{22}=12V$。分别将数据填入表 1 - 55 和表 1 - 56 中，并列出它们的 H 参数方程。

表 1 - 55   二端口网络 Ⅰ 的 H 参数测量数据

二端口网络Ⅰ	测量条件	测 量 值			计 算 值	
	输出端短路 $U_{12}=0$	$U_{11S}(V)$	$U_{11S}(mA)$	$I_{12S}(mA)$	H_{11}	H_{21}
	输入端开路 $I_{11}=0$	$U_{11O}(V)$	$U_{12O}(A)$	$I_{12O}(mA)$	H_{12}	H_{22}

表 1 - 56   二端口网络 Ⅱ 的 H 参数测量数据

二端口网络Ⅱ	测量条件	测 量 值			计 算 值	
	输出端短路 $U_{22}=0$	$U_{21S}(V)$	$I_{21S}(mA)$	$I_{22S}(mA)$	H_{11}	H_{21}
	输入端开路 $I_{21}=0$	$U_{21O}(V)$	$U_{22O}(A)$	$I_{22O}(mA)$	H_{12}	H_{22}

五、实验注意事项

（1）用电流插头插座测量电流时，要注意判别电流表的极性及选取适合的量程（根据所给的电路参数，估算电流表量程）。

（2）计算 T 参数时，I、U 均取其正值。

六、预习思考题

（1）试述双口网络同时测量法与分别测量法的测量步骤、优缺点及其适用情况。

（2）本实验方法可否用于交流双口网络的测定？

七、实验报告

（1）完成对数据表格的测量和计算任务。

（2）列写各参数方程。

（3）总结、归纳二端口网络的测试方法。

第二章　交 流 电 路 实 验

实验一　R、L、C元件阻抗特性的测量

一、实验目的

（1）加深理解电阻、电感、电容元件的阻抗与频率的关系；

（2）加深理解电阻、电感、电容元件端电压与电流间的相位关系；

（3）测定$R \sim f$、$X_L \sim f$及$X_C \sim f$特性曲线。

二、实验原理

正弦交流可用三角函数表示，即由最大值（U_m或I_m）、频率f（或角频率$\omega = 2\pi f$）和初相位三要素来决定。在正弦稳态电路的分析中，由于电路中各处电压、电流都是同频率的交流电，所以电流、电压可用相量表示。

1. 电阻元件

图 2 - 1 （a）所示为一个线性电阻元件的交流电路。电压和电流的参考方向如图 2 - 1（a）中所示，两者的关系由欧姆定律确定，即

$$u = Ri$$

令$i = I_m \cos\omega t$为参考正弦量，则

$$u = Ri = RI_m \cos\omega t = U_m \cos\omega t$$

也是一个同频率的正弦量。u与i之间无相位差。

由上式可知：

$$U_m = RI_m$$
$$U = RI$$

如用相量表示电压与电流的关系，则为

$$\dot{U} = U e^{j0°} \quad \dot{I} = I e^{j0°} \quad \frac{\dot{U}}{\dot{I}} = \frac{U}{I} e^{j0°} = R$$

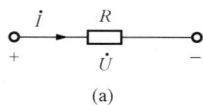

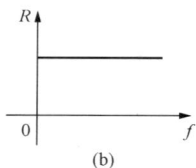

图 2 - 1　电阻元件

或

$$\dot{U} = R\dot{I}$$

可见，电阻元件的阻值与频率f无关。即$R \sim f$关系如图 2 - 1（b）所示。

2. 电感元件

图 2 - 2 （a）所示为一个线性电感元件的交流电路。电压和电流的参考方向如图 2 - 2（a）中所示。根据电感元件的电压电流关系，即

$$u = L \frac{di}{dt}$$

令$i = I_m \cos\omega t$为参考正弦量，则

$$u = L \frac{di}{dt} = L \frac{d}{dt}(I_m \cos\omega t) = -\omega L I_m \sin\omega t = U_m \cos(\omega t + 90°)$$

也是一个同频率的正弦量。u与i之间的相位差为$90°$，电压超前于电流。

由上式可知：

$$U_m = \omega L I_m$$
$$U = \omega L I$$

如用相量表示电压与电流的关系，则为

$$\dot{U} = U e^{j90°} \quad \dot{I} = I e^{j0°} \quad \frac{\dot{U}}{\dot{I}} = \frac{U}{I} e^{j90°} = j\omega L = jX_L$$

或

$$\dot{U} = j\omega L \dot{I} = jX_L \dot{I}$$

式中：X_L 是电感的感抗，其值为

$$X_L = \omega L = 2\pi f L$$

可见，线性电感元件的感抗与频率 f 的 $X_L \sim f$ 关系如图 2 - 2（b）所示。

3. 电容元件

图 2 - 3（a）所示为一个线性电容元件的交流电路。电压和电流的参考方向如图 2 - 3 (a) 中所示。根据电容元件的电压电流关系，即

$$i = C \frac{du}{dt}$$

令 $u = U_m \cos\omega t$ 为参考正弦量，则

$$i = C \frac{du}{dt} = C \frac{d}{dt}(U_m \cos\omega t) = -\omega C U_m \sin\omega t = I_m \cos(\omega t + 90°)$$

也是一个同频率的正弦量。i 与 u 之间的相位差为 90°，电流超前于电压。

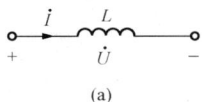

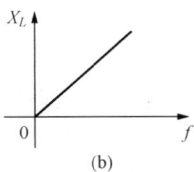

图 2 - 2 电感元件　　　　图 2 - 3 电容元件

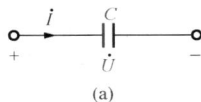

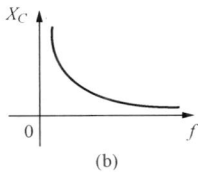

由上式可知：

$$I_m = \omega C U_m$$
$$I = \omega C U$$

如用相量表示电压与电流的关系，则为

$$\dot{U} = U e^{j0°} \quad \dot{I} = I e^{j90°} \quad \frac{\dot{U}}{\dot{I}} = \frac{U}{I} e^{-j90°} = -j\frac{1}{\omega C} = -jX_C$$

或

$$\dot{U} = -j\frac{1}{\omega C}\dot{I} = -jX_C \dot{I}$$

式中：X_C 是电容的容抗，其值为

$$X_C = \frac{1}{\omega C} = \frac{1}{2\pi f C}$$

可见，线性电容元件的容抗与频率 f 的 $X_C \sim f$ 关系如图 2 - 3（b）所示。

4. 元件阻抗频率特性的测量

元件阻抗频率特性的测量电路如图 2-4 所示。图中，r 是提供测量回路电流用的标准电阻，流过被测元件的电流则可由标准电阻 r 两端的电压 u_r 除以标准电阻 r 获得。

若用双踪示波器同时观察标准电阻 r 两端的电压 u_r 与被测电阻 R（或电容 C 和电感 L）两端的电压 u_R（或 u_C 和 u_L），就可观察到被测电阻 R（或电容 C 和电感 L）两端的电压 u_R（或 u_C 和 u_L）和流过该元件的电流 i_R（或 i_C 和 i_L）的波形，从而可在示波器荧光屏上测出电压 u_R（或 u_C 和 u_L）与电流 i_R（或 i_C 和 i_L）的幅值及它们之间的相位差。

（1）将元件 R、L、C 串联或并联相接，亦可用同样的方法测得 $Z_串$ 与 $Z_并$ 的阻抗频率特性 $Z \sim f$，根据电压、电流的相位差可判断 $Z_串$ 或 $Z_并$ 是感性还是容性负载。

（2）元件的阻抗角（即相位差 φ）随输入信号的频率变化而改变，将各个不同频率下的相位差画在以频率 f 为横坐标、阻抗角 φ 为纵坐标的坐标纸上，并用光滑的曲线连接这些点，即得到阻抗角的频率特性曲线。

用双踪示波器测量阻抗角的方法：如图 2-5 所示，从示波器荧光屏上数得一个周期占 n 格，相位差占 m 格，则实际的相位差 φ（阻抗角）为

$$\varphi = m \times \frac{360°}{n}$$

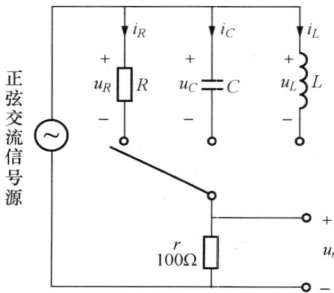

图 2-4 实验测量电路　　　　图 2-5 测量阻抗角

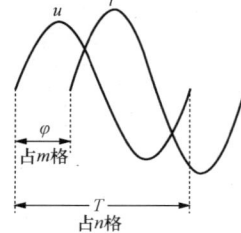

三、实验设备

实验设备见表 2-1 所示。

表 2-1　　　　　　　　　　实 验 设 备

序 号	名 称	型号与规格	数 量
1	函数信号发生器		1 台
2	交流毫伏表	$0 \sim 400\text{V}$	1 台
3	示波器		1 台
4	频率计		1 台
5	实验电路元件	$R=1\text{k}\Omega$，$C=1\mu\text{F}$　L 约 1H	1 个
6	标准电阻	100Ω	1 个

四、实验内容

1. 测量 R、C、L 元件的阻抗频率特性

通过电缆线将函数信号发生器输出的正弦交流信号接至图 2-4 所示电路，作为激励源

u，并用交流毫伏表测量，使激励电压的有效值为 $U=5\text{V}$，并保持不变。

使信号源的输出频率从 200Hz 逐渐增至 20kHz（用频率计测量），并使开关 S 分别接通 R、C、L 三个元件，用交流毫伏表测量标准电阻 r 两端的电压有效值 U_r，并计算各频率点时的 I_R、I_C 和 I_L（即 U_r/r）以及 $R=U/I_R$、$X_C=U/I_C$ 及 $X_L=U/I_L$ 的值，将数据填入表 $2\text{-}2$ 中。

表 2 - 2　　　　　　　　　R、C、L 元件的阻抗频率特性实验数据

频率 $f(\text{kHz})$		0.2	1	2	5	10	15	20
电阻 R ($\text{k}\Omega$)	$U_r(\text{V})$							
	$I_R=U_r/r(\text{mA})$							
	$R=U_R/I_R$							
容抗 $X_C(\text{k}\Omega)$	$U_r(\text{V})$							
	$I_C=U_r/r(\text{mA})$							
	$X_C=U_C/I_C$							
感抗 $X_L(\text{k}\Omega)$	$U_r(\text{V})$							
	$I_L=U_L/r(\text{mA})$							
	$X_L=U_L/I_L$							

2. 观察各元件阻抗角的变化

用示波器观察在不同频率下各元件阻抗角的变化情况，按图 $2\text{-}5$ 记录 n 和 m，算出相位差 φ，将数据填入表 $2\text{-}3$ 中。

表 2 - 3　　　　　　　　　R、C、L 元件相位差的频率特性实验数据

频率 $f(\text{kHz})$		0.2	1	2	5	10	15	20
电阻 R	$n(\text{div})$							
	$m(\text{div})$							
	$\varphi(°)$							
电容 C	$n(\text{div})$							
	$m(\text{div})$							
	$\varphi(°)$							
电感 L	$n(\text{div})$							
	$m(\text{div})$							
	$\varphi(°)$							

3. 测量 R、C、L 元件串联的相位差频率特性

测量方法同 2 的内容，将数据填入表 $2\text{-}4$ 中。

表 2 - 4　　　　　　　　　R、C、L 元件串联的相位差频率特性的实验数据

频率 $f(\text{kHz})$	0.2	1	2	5	10	15	20
$n(\text{div})$							
$m(\text{div})$							
$\varphi(°)$							

五、实验注意事项

（1）实验前，仔细阅读交流毫伏表的使用说明书，注意使用前必须先将交流毫伏表调零。

（2）测量相位差 φ 时，示波器的"V/div"和"S/div"的微调旋钮应旋至"校准"位置。

六、预习思考题

（1）电阻元件的电压与电流的相量关系及电阻的计算；

（2）电容元件的电压与电流的相量关系及容抗的计算；

（3）电感元件的电压与电流的相量关系及感抗的计算；

（4）测量 R、C、L 各个元件的阻抗角时，为什么要与它们串联一个电阻？可否用一个小电感或大电容代替？为什么？

七、实验报告

（1）根据实验数据，在坐标纸上绘制 R、C、L 三个元件的阻抗频率特性曲线，从中可得出什么结论？

（2）根据实验数据，在坐标纸上绘制 R、C、L 三个元件的阻抗角频率特性曲线，并总结、归纳出结论。

实验二　三表法测量电路等效参数

一、实验目的

（1）学会用交流电压表、交流电流表和功率表测量元件的交流等效参数的方法；

（2）学会正确使用交流电压表、交流电流表和功率表；

（3）掌握功率表的接法和使用。

二、实验原理

1. 三表法测量原理

三表法测量的原理是在被测电路元件两端加入正弦交流电压，用交流电压表，交流电流表及功率表分别测量出电路元件两端的电压 U、流过该电路元件的电流 I 和该电路元件所消耗的功率 P，然后通过交流阻抗关系计算出其阻抗值，这种测量交流电路等效参数的方法称为三表法（又称为伏安瓦特法）。此法适用于低频正弦交流电路。图 2-6 是用三表法测量交流参数的电路。电源频率为工频，即 $f=50\text{Hz}$。

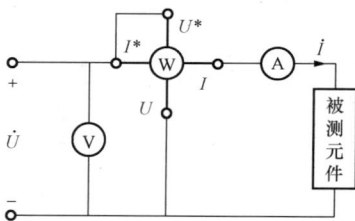

图 2-6　三表法测量交流
参数的电路

具体测量计算的基本公式有：

阻抗可表示为

$$Z = |Z| \angle \varphi = R + jX = |Z|\cos\varphi + j|Z|\sin\varphi$$

若测得此电路元件的端电压为 U，通过该电路元件的电流为 I 及该电路元件所消耗的功率为 P，则可由下列公式计算出：

阻抗模为

$$|Z| = \frac{U}{I}$$

等效电阻为

$$R = \frac{P}{I^2} = |Z|\cos\varphi$$

等效电抗为

$$X = \pm\sqrt{|Z|^2 - R^2} = \pm\sqrt{\left(\frac{U}{I}\right)^2 - R^2} = |Z|\sin\varphi$$

电路的功率因数为

$$\varphi = \arccos\left(\frac{P}{UI}\right)$$

对感性元件有

$$X_L = \omega L = 2\pi f L$$

则

$$L = \frac{X_L}{2\pi f}$$

对容性元件有

$$X_C = \frac{1}{\omega C} = \frac{1}{2\pi f C}$$

则

$$C = \frac{1}{2\pi f X_C}$$

2. 功率表

功率表（又称瓦特表）是一种动圈式仪表，用于直流电路和交流电路中测量电功率，其测量结构主要由固定的电流线圈和可动的电压线圈组成，电流线圈与负载串联，反映负载的电流；电压线圈与负载并联，反映负载的电压。功率表有低功率因数功率表和高功率因数功率表。

电工技术实验室中用到两种型号的功率表：D34-W 型功率表，属于低功率因数功率表，$\cos\varphi = 0.2$；D51 型功率表，属于高功率因数功率表，$\cos\varphi = 1$。

（1）量程选择。

功率表的电压量程和电流量程根据被测负载的电压和电流来确定，要大于被测电路的电压、电流值。只有保证电压线圈和电流线圈都不过载，测量的功率值才准确，功率表也不会被烧坏。

图 2-7（a）所示为 D34-W 型功率表面板图，该表有四个电压接线柱，其中一个带有 * 标的接线柱为公共端，另外三个是电压量程选择端，有 75V、150V、300V 量程。四个电流接线柱，没有标明量程，需要通过对四个接线柱的不同连接方式改变量程，即：通过活动连接片使两个 0.5A 的电流线圈串联，得到 0.5A 的量程，如图 2-7（b）所示；通过活动连接片使两个电流线圈并联，得到 1A 的量程，如图 2-7（c）所示。

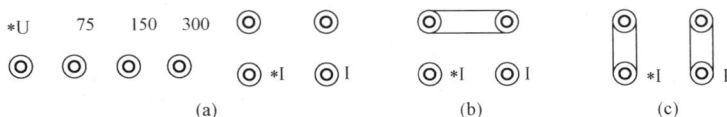

图 2-7 D34-W 型功率表

（a）功率表面板图；（b）电流线圈串联；（c）电流线圈并联

图 2-8 所示为 D51 型功率表面板图，该功率表有四个接线柱，分别是电流线圈的两个接线柱和电压线圈的两个接线柱，其中带有 * 标志的接线柱为公共端，电压线圈的电压量程和电流线圈的电流量程可由旋钮进行选择。

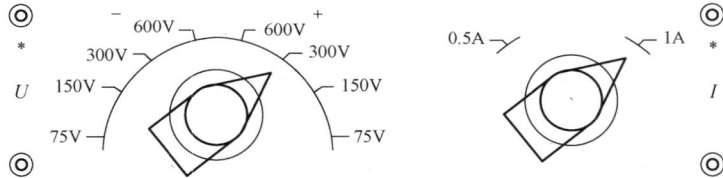

图 2-8　D51 型功率表的面板图

（2）连接方法。

用功率表进行功率测量时，需要使用四个接线柱，两个电压线圈接线柱和两个电流线圈接线柱，电压线圈要并联接入被测电路，电流线圈要串联接入被测电路。通常情况下，电压线圈和电流线圈的带有 * 标端应短接在一起，否则功率表除反偏外，还有可能损坏。通过具体实例说明一下功率表的连接方法，应根据电路参数，选择合适的电压量程和电流量程，功率表的实际连线如图 2-9 所示。

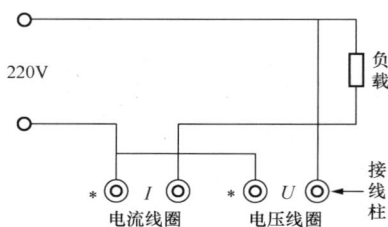

图 2-9　功率表的外部接线电路图

（3）功率表的读数。

功率表与其他仪表不同，功率表的表盘上并不标明瓦特数，而只标明分格数，所以从表盘上并不能直接读出所测的功率值，而须经过计算得到。当选用不同的电压量程和电流量程时，每分格所代表的瓦特数是不相同的，设每分格代表的功率为 C，则有

$$C = \frac{UI\cos\varphi}{n}$$

式中：U 为电压量程；I 为电流量程；$\cos\varphi$ 为功率表的功率因数；n 为功率表的表盘满刻度数。对于 D34-W 型功率表，$\cos\varphi=0.2$；而对于 D51 型功率表，$\cos\varphi=1$。对于 D34-W 型功率表，表盘满刻度数为 150；而对于 D51 型功率表，表盘满刻度数为 75。

知道了 C 值和仪表指针偏转后指示格数 α，即可求出被测功率：

$$P = C\alpha$$

（4）使用注意事项。

1）功率表在使用过程中应水平放置；

2）仪表指针如不在零位时，可利用表盖上零位调整器调整；

3）测量时，如遇仪表指针反向偏转，应改变仪表面板上的"＋"、"－"换向开关极性，切忌互换电压接线，以免使仪表产生误差；

4）功率表与其他指示仪表不同，指针偏转大小只表明功率值，并不显示仪表本身是否过载，有时表针虽未达到满度，只要 U 或 I 之一超过该表的量程就会损坏仪表，故在使用功率表时，通常需接入电压表和电流表进行监控；

5）功率表所测功率值包括了其本身电流线圈的功率损耗，所以在作准确测量时，应从测得的功率中减去电流线圈消耗的功率，才是所求负载消耗的功率。

图 2-10 所示为数字式功率表面板图，有一个显示屏、两个电压接线端，两个电流接线端组成。电压接线端和电流接线端各有一个带有 * 标的接线端。电压接线端的电压范围为 0～450V，电流接线端的电流范围为 0～5A。使用数字式功率表进行测量时，两个电压接线端要并联接入被测电路，电流接线端要串联接入被测电路。通常情况下，电压接线端和电流电流接线端的带有 * 标端应短接。具体连接线路如图 2-9 所示，显示屏显示负载所消耗的功率。

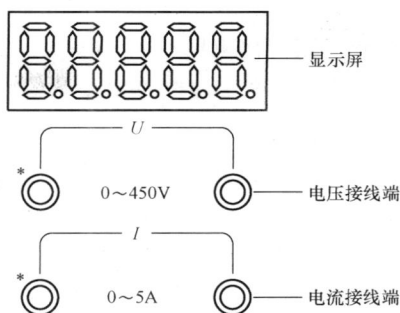

图 2-10　数字式功率表的面板

三、实验设备

实验设备见表 2-5。

表 2-5　　　　　　　　　　　实 验 设 备

序　号	名　　　称	型号与规格	数　量
1	交流电压表	0～500V	1 台
2	交流电流表	0～5A	1 台
3	功率表		1 台
4	镇流器		1 个
5	电容器	4.7μF/500V	1 个
6	白炽灯	15W/220V	1 个

四、实验内容

测试电路如图 2-6 所示。

（1）按图 2-6 接线，并经指导教师检查后，方可接通市电电源。

（2）分别测量 15W 白炽灯（R）、日光灯镇流器（L）和 4.7μF 电容器（C）的等效参数。将交流电压表、交流电流表和功率表的读数填入表 2-6 中。

表 2-6　　　　　　　　　　　实 验 测 量 数 据

被测阻抗	测量值			计算值		电路等效参数		
	$U(V)$	$I(A)$	$P(W)$	$\lvert Z\rvert\ (\Omega)$	$\cos\varphi$	$R(\Omega)$	$L(mH)$	$C(\mu F)$
白炽灯 R								
镇流器 L								
电容器 C								

五、实验注意事项

（1）本实验直接用 220V 交流电源供电，实验中要特别注意人身安全，不可用手直接触摸通电电路的裸露部分，以免触电；

（2）必须严格遵守安全操作规程；

（3）实验前应详细查阅功率表的使用说明书，熟悉其使用方法；

（4）功率表要正确接入电路，读数时要注意量程和单位；

（5）每次实验电流不得超过元件的允许值。

六、预习思考题

在 50Hz 的交流电路中，测得一只铁芯线圈的 P、I 和 U，如何算得它的阻值及电感量？

七、实验报告

（1）根据实验数据，完成各项计算。

（2）完成预习思考题的内容。

（3）根据实验内容的观察测量结果，分别作出等效电路图，计算出等效电路参数并判定负载的性质。

实验三　日光灯电路及其功率因数的提高

一、实验目的

（1）了解日光灯电路的组成及基本工作原理；

（2）掌握日光灯电路的接线方法；

（3）研究正弦稳态交流电路的 KVL 与 KCL；

（4）掌握并联电容的计算；

（5）研究并联于感性负载两端的电容 C 对提高功率因数的作用。

二、实验原理

1. 基尔霍夫定律的相量形式

同频率的正弦量加减可以用对应的相量形式来进行计算。因此，在正弦交流电路中，KCL 和 KVL 也可用相应的相量形式表示。

对电路中任一结点，根据 KCL，有 $\sum i(t)=0$，由于

$$\sum i(t) = \sum \mathrm{Im} \sqrt{2}(\dot{I}_1 + \dot{I}_2 + \cdots)e^{j\omega t} = 0$$

故得 KCL 的相量形式为

$$\sum \dot{I} = 0$$

上式表明：流入某一节点的所有正弦交流电流用相量表示时仍满足 KCL。

同理对电路中任一回路，根据 KVL，有 $\sum u(t) = 0$，对应的相量形式为

$$\sum \dot{U} = 0$$

上式表明：对任一回路，所有支路正弦交流电压用相量表示时仍满足 KVL。

在单相正弦交流电路中，用交流电流表测得各支路的电流值，用交流电压表测得回路各元件两端的电压值，它们之间的关系满足相量形式的基尔霍夫定律，即 $\sum \dot{I} = 0$ 和 $\sum \dot{U} = 0$。

2. 日光灯电路

日光灯电路主要由日光灯管、镇流器和启辉器组成，连接电路如图 2-11 所示，其中 A 是日光灯管，L 是镇流器，S 是启辉器。

日光灯管工作原理：日光灯是一只真空玻璃管，管子内壁均匀地涂有一层薄的荧光粉，灯管两端各有两根灯丝，灯丝是由钨丝绕制成的，灯丝的作用是发射电子。灯管里充有惰性气体氩气及水银蒸气，灯管开始工作时，首先是氩气电离，然后过渡到水银蒸气电离，因水

银蒸气电离时会发出紫外线，紫外线照射到管壁，荧光粉就会发出象日光的光线来。

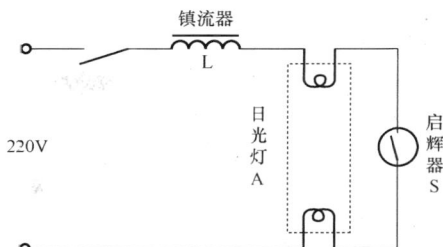

图 2-11　日光灯电路图

启辉器：俗称跳泡，是一个辉光放电管，两个触头的电极装在装有氖气的小玻璃管内，U 型电极是由膨胀系数不同的两种金属片制成，内层金属的膨胀系数大，在两电极间加上电源电压后，泡内气体产生辉光放电，U 型双金属片在正负离子的冲击下受热膨胀，趋于伸直，使两触头闭合，这时电极间的电压降为零，于是气体放电停止。双金属片经冷却而恢复到原来的位置，两触头重新断开，为了避免启辉器两触头断开时产生火花，通常用一只电容量很小的电容与触头并联。启辉器的作用是与镇流器配合点燃日光灯。

镇流器：它是一个铁芯线圈，有两个作用，一是在日光灯启动时，产生一个较高的自感电动势，使灯管点燃；二是在日光灯工作时，限制灯管的电流。

日光灯电路的工作过程如下：刚接上电源（开关闭合），电路不通，电源电压通过灯丝、镇流器加到启辉器上，引起辉光放电，使两触头闭合，电路接通，于是有一较大的电流流过灯丝，使灯丝发热发射电子。此时，启动器两触头间的电压为零，管内辉光放电停止。双金属片冷却，两触头重新断开，在触头断开的瞬间，镇流器断电，它将产生很高的自感电动势，此自感电动势与电源电压串联后加在灯管两端，在此高电压作用下，灯丝发射的电子使水银蒸汽产生碰撞电离，电离时发出的紫外线照到灯管内壁的荧光粉上，灯管即开始发光。灯管发光后，电压主要降落在镇流器上，灯管两端的电压（即启辉器两端电压）较低（约 80～110V），不足以使启动器的气体放电，因此它的触点不再闭合，保证了灯管的连续点燃。

三、实验设备

实验设备见表 2-7。

表 2-7　　　　　　　　　　　实 验 设 备

序　号	名　　　称	型号与规格	数　量
1	交流电压表	0～500V	1 台
2	交流电流表	0～5A	1 台
3	功率表		1 台
4	镇流器、启辉器	与 40W 灯管配用	各 1 个
5	日光灯灯管	40W	1 个
6	电容器	1μF，2.2μF，4.7μF/500V	各 1 个
7	电流插座		3 个
8	电流插头		1 个

四、实验内容

（1）按图 2-12 连接线路。经指导教师检查无误后，接通实验台电源，直到日光灯启辉点亮为止。

（2）在未接入并联电容 C 时，测量功率 P，电流 I，电压 U 等实验数据，并将数据记入

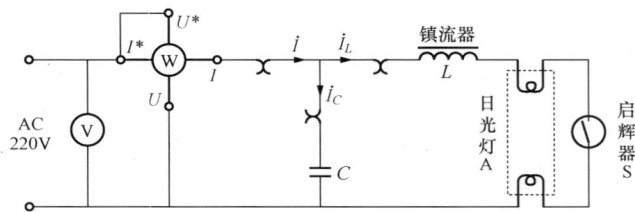

图 2-12　日光灯电路及功率因数提高电路

到表 2-8 中。再根据实验数据计算出阻抗模 $|Z|$、等效电阻 R、等效感抗 X_L、等效电感 L 以及电路的功率因数 $\cos\varphi$，计算公式参见实验二。

表 2-8　　　　　　　　　　　　　　日光灯电路的实验数据

测 量 数 据			计 算 数 据				
P(W)	U(V)	I(A)	$\|Z\|$ (Ω)	R(Ω)	X_L(Ω)	L(mH)	$\cos\varphi$

（3）并联电容——改善电路的功率因数。

经指导教师检查后，接通实验台电源，记录功率表、电压表读数。通过一只电流表和三个电流插座分别测得三条支路的电流，改变电容数值，进行四次重复测量，并将数据记入表 2-9 中，根据测量数据计算出阻抗模 $|Z|$、等效电阻 R、等效电感 L、并联电容 C 以及电路的功率因数 $\cos\varphi$。

表 2-9　　　　　　　　　　　　　　功率因数的实验数据

电容值 (C)	测 量 数 据					计 算 数 据				
	P(W)	U(V)	I(A)	I_L(A)	I_C(A)	$\|Z\|$ (Ω)	R(Ω)	L(mH)	$C(\mu F)$	$\cos\varphi$
1μF										
2.2μF										
4.7μF										
6.9μF										

说明：表中的电容值（C）是指日光灯电路所并联的电容数值，计算公式有 $C = \dfrac{I_C}{\omega U}$ 或 $C = \dfrac{P}{\omega U^2}(\tan\varphi - \tan\varphi')$。

五、实验注意事项

（1）本实验用市电交流 220V，注意用电和人身安全；

（2）功率表要正确接入电路；

（3）电路接线正确，日光灯不能启辉时，应检查启辉器及其接触是否良好。

六、预习思考题

（1）参阅课外资料，了解日光灯的启辉原理。

（2）在日常生活中，当日光灯上缺少了启辉器时，人们常用一根导线将启辉器的两端短接一下，然后迅速断开，使日光灯点亮或用一只启辉器去点亮多只同类型的日光灯，这是为什么？

（3）为了改善电路的功率因数，常在感性负载上并联电容器，此时增加了一条电流支路，试问电路的总电流是增大还是减小，此时感性元件上的电流和功率是否改变？

（4）提高电路功率因数为什么只采用并联电容器法，而不用串联电容器法？所并联的电容器是否越大越好？

（5）复习有关正弦交流电路的计算。

（6）复习数字式功率表的使用（参见实验二—三表法测量电路等效参数）。

七、实验报告

（1）完成数据表格中的计算，进行必要的误差分析。

（2）绘制出 $\cos\varphi = f(C)$ 的曲线图。

（3）讨论改善电路功率因数的意义和方法。

实验四 三相交流电路 YY 的测量

一、实验目的

（1）理解三相电源、三相负载的概念；

（2）掌握三相电源的星形连接方法；

（3）掌握三相负载作星形连接的方法；

（4）验证三相负载星形连接的相、线电压及相、线电流之间的关系；

（5）充分理解三相四线供电系统中中线的作用。

二、实验原理

1. 三相对称电源

对称三相电源是由 3 个等幅值、同频率、初相位依次相差 120°的正弦电压源连接成星形（Y）组成的电源，如图 2 - 13 所示。这 3 个电源依次称为 A 相、B 相和 C 相，它们的电压分别为

$$u_A = \sqrt{2}U\cos(\omega t)$$
$$u_B = \sqrt{2}U\cos(\omega t - 120°)$$
$$u_C = \sqrt{2}U\cos(\omega t + 120°)$$

式中：以 A 相电压 u_A 作为参考正弦量，它们对应的相量形式分别为

$$\dot{U}_A = U\angle 0°$$
$$\dot{U}_B = U\angle -120°$$
$$\dot{U}_C = U\angle 120°$$

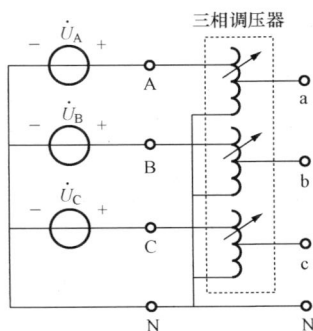

图 2 - 13 对称三相电源

其中，三相电源的相电压有效值为 220V，则线电压有效值为 380V。

2. 对称三相负载

当三相负载的阻抗相等时，称为对称三相负载。对称三相负载作 Y 形连接时，线电压 U_L 是相电压 U_P 的 $\sqrt{3}$ 倍；线电流 I_L 等于相电流 I_P；即 $U_L = \sqrt{3}U_P$，$I_L = I_P$。

当对称三相负载作 Y 形连接时，流过中线的电流 $I_N = 0$，所以可以省去中性线，此时的

接法称为三相三线制接法，即 Y 接法。

3. 不对称三相负载

当三相负载的阻抗不相等时，称为不对称三相负载。不对称三相负载作 Y 形连接时，必须采用三相四线制接法，即 Y_0 接法，而且中线必须牢固连接，以保证三相不对称负载的每相电压维持对称不变。

倘若中线断开，会导致三相负载电压的不对称，致使负载轻的那一相的相电压过高，使负载遭受损坏；负载重的一相相电压又过低，使负载不能正常工作。尤其是对于三相照明负载，无条件地一律采用 Y_0 接法。

三、实验设备

实验设备见表 2-10。

表 2-10   实 验 设 备

序 号	名 称	型号与规格	数 量
1	交流电压表	0～500V	1台
2	交流电流表	0～5A	1台
3	三相灯组负载	220V，15W 白炽灯	3个

四、实验内容

(1) 按图 2-13 连接三相电源的实验电路；

(2) 按图 2-14 连接三相灯组负载，接成星形连接，同时将三相负载与三相电源进行连接；

(3) 经指导教师检查合格后，方可开启实验台电源；

(4) 按下述内容完成各项实验：分别测量三相负载的线电压、相电压、相电流、中线电流、电源与负载中性点间的电压。将所测得的数据记入表 2-11 中，并观察各相灯组亮暗的变化程度，要特别注意观察中线的作用。

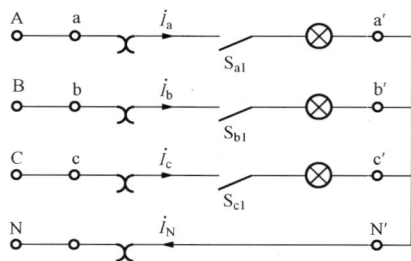

图 2-14 三相负载 Y 形连接电路图

表 2-11   三相负载 Y 连接各项实验数据表

实验内容（负载情况）	开灯盏数			相电流（mA）			线电压（V）			相电压（V）			中性线电流 I_N(mA)	中性点电压 $U_{NN'}$(V)
	a相	b相	c相	I_a	I_b	I_c	U_{ab}	U_{bc}	U_{ca}	$U_{aa'}$	$U_{bb'}$	$U_{cc'}$		
Y_0 接平衡负载	1	1	1											
Y 接平衡负载	1	1	1											
Y_0 接不平衡负载	1	2	1											
Y 接不平衡负载	1	2	1											
Y_0 接 B 相断开	1	0	1											
Y 接 B 相断开	1	0	1											

五、实验注意事项

(1) 本实验采用三相交流市电，线电压为 380V，应穿绝缘鞋进入实验室。实验时要注意人身安全，不可触及导电部件，防止意外事故发生。

（2）每次接线完毕，同组同学应自查一遍，然后由指导教师检查后，方可接通电源。必须严格遵守先断电、再接线、后通电；先断电、后拆线的实验操作原则。

（3）为避免烧坏灯泡，实验挂箱内设有过压保护装置。当任一相电压＞245～250V 时，即声光报警并跳闸。因此，在做 Y 接不平衡负载或缺相实验时，所加线电压应以最高相电压＜240V 为宜。

六、预习思考题

（1）三相负载在什么条件下作星形连接？

（2）复习三相交流电路有关内容，试分析三相星形连接不对称负载在无中线情况下，当某相负载开路或短路时会出现什么情况？如果接上中线，情况又如何？

七、实验报告

（1）用实验测得的数据验证对称三相电路中的相电压与线电压的关系。

（2）用实验数据和观察到的现象，总结三相四线制供电系统中中线的作用。

实验五　互感电路的测量

一、实验目的

（1）掌握互感电路同名端、互感系数以及耦合系数的测量方法；

（2）理解两个线圈相对位置改变时对互感系数的影响；

（3）理解两个线圈用不同材料作线圈芯时对互感系数的影响。

二、实验原理

1．判断互感线圈同名端的方法

（1）直流法。测量电路如图 2-15 所示，当开关 S 闭合瞬间，若直流数字毫安表的读数为正值，则说明"1"、"3"为同名端；若直流数字毫安表的读数为负值，则说明"1"、"4"为同名端。

（2）交流法。测量电路如图 2-16 所示，将两个线圈 L_1 和 L_2 的任意两端（如 2、4 端）连在一起，在其中的一个线圈（如 L_1）两端加一个低电压，另一线圈（如 L_2）开路，用交流电压表分别测出端电压 U_{13}、U_{12} 和 U_{34}。若 U_{13} 是两个线圈端电压之差，则 1、3 是同名端；若 U_{13} 是两个线圈端电压之和，则 1、4 是同名端。

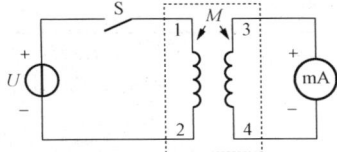

图 2-15　直流法测同名端电路　　　　图 2-16　交流法测同名端电路

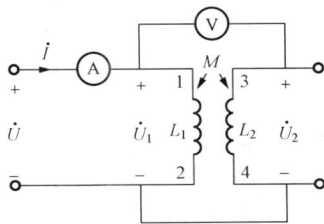

2．互感系数 M 的测量

在图 2-16 所示的电路中拆去 2、4 端的连线后，在 L_1 侧施加低压交流电压 U_1，分别用交流电流表和交流电压表测量出电流 I_1 及电压 U_2。根据互感电动势 $E_{2M} \approx U_{20} = \omega M I_1$，可以计算出互感系数为

$$M = \frac{U_2}{\omega I_1}$$

3. 耦合系数 k 的测量

工程上为了定量地描述两个耦合线圈的耦合紧疏程度，把两个线圈的互感磁通链与自感磁通链的比值的几何平均值定义为耦合系数，记为

$$k = \sqrt{\left|\frac{\Psi_{12}}{\Psi_{11}}\right| \times \left|\frac{\Psi_{21}}{\Psi_{22}}\right|}$$

由于 $\Psi_{11} = L_1 i_1$，$|\Psi_{12}| = M i_2$，$\Psi_{22} = L_2 i_2$，$|\Psi_{21}| = M i_1$，代入上式后有

$$k = \frac{M}{\sqrt{L_1 L_2}} \leqslant 1$$

k 的大小与两个线圈的结构、相互位置以及周围磁介质有关。改变或调整它们的相互位置有可能改变耦合系数的大小；当 L_1 和 L_2 一定时，也就相应地改变了互感 M 的大小。

在图 2-16 所示的电路中拆去 2、4 端的连线后，先在 L_1 侧施加低压交流电压 U_1，测量出 L_2 侧开路时的电流 I_1；然后再在 L_2 侧施加交流电压 U_2，测量出 L_1 侧开路时的电流 I_2，求出各自的自感系数 L_1 和 L_2，即可算得 k 值。

三、实验设备

实验设备见表 2-12。

表 2-12 实 验 设 备

序 号	名 称	型号与规格	数 量
1	直流数字电压表	0~200V	1 台
2	直流数字毫安表	0~200mA	1 台
3	交流电压表	0~500V	1 台
4	交流电流表	0~5A	1 台
5	空心互感线圈	L_1 为大线圈，L_2 为小线圈	1 对
6	自耦调压器		1 个
7	直流稳压电源	0~30V	1 个
8	电阻	30Ω/8W、510Ω/8W	各 1 个
9	发光二极管	红或绿	1 个
10	粗、细铁棒、铝棒		各 1 个
11	变压器	36V/220V	1 个

四、实验内容

（1）分别用直流法和交流法测量互感线圈的同名端。

1）直流法。测量实验电路如图 2-17 所示。先将 L_1 和 L_2 两个线圈的四个接线端子编以 1、2 和 3、4 号。将 L_1，L_2 同心地套在一起，并放入细铁棒。U 为可调直流稳压电源，调至 12V，然后改变可变电阻 R（由大到小地调节），流过 L_1 侧的电流不可超过 0.4A（选用 5A 量程的电流表）。L_2 侧直接接入 2mA 量程的毫安表。将铁棒迅速地拔出和插入，观察

数字毫安表读数正、负的变化，来判定 L_1 和 L_2 两个线圈的同名端。

2）交流法。测量实验电路如图 2-18 所示。将线圈 L_2 放入线圈 L_1 中，并在两线圈中插入铁棒，线圈 L_1 串接交流电流表 A 后接至自耦调压器的输出端。A 为 5A 量程的交流电流表，N_2 侧开路。图 2-18 中 A、N 为自耦调压器的输入端。

接通电源前，首先检查自耦调压器是否调至零点，确认后方可接通交流电源，令自耦调压器输出一个很低的电压（2V 左右），使流过交流电流表的电流小于 1.4A，然后用 0～30V 量程的交流电压表测量出 U_{13}，U_{12}，U_{34}，来判定两个线圈的同名端。

拆去 2、4 连线，并将 2、3 相接，重复上述步骤，判定两个线圈的同名端。

（2）在图 2-18 所示电路中拆去 2、4 连线后，测量出 U_1，I_1，U_2，计算出 M 值。

（3）将低压交流电压加在 L_2 侧，使流过 L_2 侧电流小于 1A，L_1 侧开路，重复步骤 1、2 测量出 U_2、I_2、U_1。

（4）用万用表的 R×1 挡分别测出 L_1 和 L_2 线圈的电阻值 R_1 和 R_2。

（5）观察互感现象。在图 2-18 的 N_2 侧接入 LED 发光二极管与 470Ω 串联的支路。

1）将铁棒慢慢地从两线圈中抽出和插入，观察 LED 亮度的变化及仪表读数的变化，并记录现象；

2）将两线圈改为并排放置，并改变其间距，以及分别或同时插入铁棒，观察 LED 亮度的变化及仪表读数；

3）改用铝棒替代铁棒，重复 1）、2）的步骤，观察 LED 的亮度变化，记录现象。

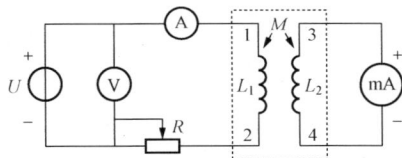

图 2-17　直流法测量同名端电路　　　　图 2-18　交流法测量同名端电路

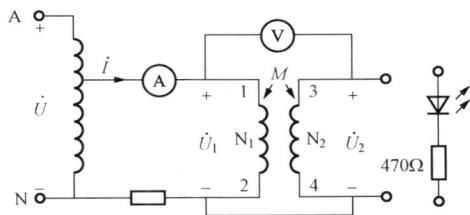

五、实验注意事项

（1）整个实验过程中，注意流过线圈 L_1 的电流不得超过 1.4A，流过线圈 L_2 的电流不得超过 1A。

（2）测定同名端及其他测量数据的实验中，都应将小线圈 L_2 套在大线圈 L_1 中，并插入铁芯。

（3）作交流实验前，首先要检查自耦调压器，要保证手柄置在零点。因实验时加在 L_1 上的电压只有 2V 左右，因此调节时要特别认真、小心，要随时观察电流表的读数，不得超过规定值。

六、预习思考题

（1）用直流法判断同名端时，可否以及如何根据开关 S 断开瞬间毫安表指针的正、反偏来判断同名端？

（2）本实验用直流法判断同名端是用插、拔铁芯时观察电流表的正、负读数变化来确定的（应如何确定?），这与实验原理中所叙述的方法是否一致？

七、实验报告

（1）总结对互感线圈同名端、互感系数的实验测量方法；

（2）自拟测试数据表格，完成计算任务；

（3）说明实验中观察到的互感现象。

实验六　单相铁芯变压器特性的测试

一、实验目的

（1）掌握通过测量后，计算变压器的各项参数的方法。

（2）掌握测量变压器的空载特性与外特性以及空载特性与外特性曲线的描绘。

二、实验原理

1. 变压器参数的测试

变压器参数测试电路如图 2-19 所示。用交流电压表、交流电流表及功率表测量出变压器一次侧（AX，低压侧）的电压 U_1、电流 I_1 及功率 P_1；用交流电压表、交流电流表测量出变压器二次侧（ax，高压侧）的电压 U_2、电流 I_2；并用万用表 R×1 挡分别测量出一次线圈、

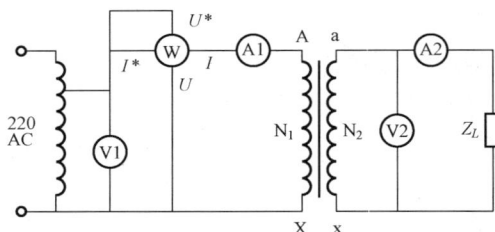

图 2-19　测试变压器参数的电路

二次线圈的电阻 R_1 和 R_2，即可计算出变压器的各项参数值：

电压比　　　　　　　　　　　　$K_U = \dfrac{U_1}{U_2}$

电流比　　　　　　　　　　　　$K_I = \dfrac{I_2}{I_1}$

一次阻抗　　　　　　　　　　　$Z_1 = \dfrac{U_1}{I_1}$

二次阻抗　　　　　　　　　　　$Z_2 = \dfrac{U_2}{I_2}$

阻抗比　　　　　　　　　　　　$K = \dfrac{Z_1}{Z_2}$

负载功率　　　　　　　　　　　$P_2 = U_2 I_2 \cos\varphi_2$

损耗功率　　　　　　　　　　　$P_o = P_1 - P_2$

功率因数　　　　　　　　　　　$\cos\varphi_1 = \dfrac{P_1}{U_1 I_1}$

一次线圈铜耗　　　　　　　　　$P_{cu1} = I_1^2 R_1$

二次线圈铜耗　　　　　　　　　$P_{cu2} = I_2^2 R_2$

铁耗　　　　　　　　　　　　　$P_{Fe} = P_o - (P_{cu1} + P_{cu2})$

2. 变压器外特性测试

为了满足三组灯泡负载额定电压为 220V 的要求，故以变压器的低压线圈（36V）作为一次侧，高压线圈（220V）作为二次侧，即当作一台升压变压器使用。

在保持一次电压 U_1（＝36V）不变时，逐次增加灯泡负载（每只灯为 15W），测定 U_1、

U_2、I_1 和 I_2，即可绘出变压器的外特性，即负载特性曲线 $U_2 = f(I_2)$。

三、实验设备

实验设备见表 2 - 13。

表 2 - 13 实 验 设 备

序 号	名 称	型号与规格	数 量
1	交流电压表	0～500V	2 台
2	交流电流表	0～5A	2 台
3	单相功率表		1 台
4	实验变压器	220V/36V　50VA	1 个
5	自耦调压器		1 个
6	白炽灯	220V，15W	5 个

四、实验内容

（1）用交流法判别变压器线圈的同名端。

（2）按图 2 - 19 所示的电路接线。其中 A、X 为变压器的低压线圈，a、x 为变压器的高压线圈。即电源经自耦调压器接至低压线圈（AX），高压线圈（ax）接 Z_L 即 15W 的灯组负载（3 只灯泡并联）。经指导教师检查后方可进行实验。

（3）将自耦调压器手柄置于输出电压为零的位置，合上电源开关，并调节自耦调压器，使其输出电压为 36V。令负载开路及逐渐增加负载（最多亮 5 只灯泡），分别记下交流电压表 V1、交流电流表 A1、功率表 W、交流电压表 V2、交流电流表 A2 的读数，将实验数据记入表 2 - 14 中，绘制变压器外特性曲线。实验完毕将自耦调压器调回零的位置，断开电源。

表 2 - 14 变压器外特性测量数据

灯泡数量（只）	交流电压表 PV1（V）	交流电流表 PA2（A）	功率表 W（W）	交流电压表 PV2（V）	交流电流表 PA1（A）
1					
2					
3					
4					
5					

（4）将高压侧（二次侧）开路，确认自耦调压器处在零的位置后，接上电源，调节自耦调压器的输出电压，使 U_1 从零逐次上升到 1.2 倍的额定电压（1.2×36V），分别记下各次测得的 U_1，U_{20} 和 I_{10} 数据，将实验数据记入表 2 - 15 中，用 U_1 和 I_{10} 绘制变压器的空载特性曲线。

表 2 - 15　　　　　　　　　　　　　　**变压器空载特性测量数据**

测量次数	交流电压表 V1（V）	交流电流表 A1（A）	交流电压表 V2（V）
1			
2			
3			
4			
5			
6			
7			
8			

五、实验注意事项

（1）本实验是将变压器作为升压变压器使用，并用调节自耦调压器提供原边电压 U_1，故使用自耦调压器时应首先调至零位，然后才可接上电源。

（2）实验过程中必须用交流电压表监视自耦调压器的输出电压，防止被测变压器输出过高电压而损坏实验设备。

（3）实验过程中要注意安全，以防高压触电。

（4）由负载实验转到空载实验时，要注意及时变更仪表量程。

（5）出现异常情况时，应立即断开电源，待处理好故障后，再继续实验。

六、预习思考题

（1）为什么本实验将低压线圈作为原边进行通电实验？此时，在实验过程中应注意什么问题？

（2）为什么变压器的励磁参数一定是在空载实验加额定电压的情况下求出？

七、实验报告

（1）根据实验测得数据，绘出变压器的外特性和空载特性曲线。

（2）根据额定负载时测得的数据，计算变压器的各项参数。

（3）计算变压器的电压调整率 $\Delta U\% = \dfrac{U_{20} - U_{2N}}{U_{20}} \times 100\%$。

实验七　变压器的连接与测试

一、实验目的

（1）进一步了解变压器的性能；

（2）掌握变压器的应用。

二、实验原理

一只变压器都有一个一次侧线圈和一个或多个二次侧线圈。如果一只变压器有多个二次侧线圈，那么，在某些情况下，通过改变变压器各线圈端子的连接方式，常可满足一些临时性的需求。下面就介绍一下变压器的几种特殊应用。

1. 改变变压器二次侧线圈的输出电压

要降低（或升高）变压器二次侧线圈的输出电压有三种方法：

（1）降低（或升高）一次侧输入电压——需要用到调压器，还受到额定电压的限制；

（2）减少（或增加）二次侧线圈匝数；

（3）增加（或减少）一次侧线圈匝数。

注意：后两种方法都需要拆变压器，改变线圈的匝数才能实现。若不拆变压器能够改变变压器二次侧线圈的输出电压吗？现举例说明：

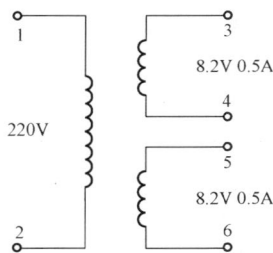

如图 2-20 所示的测试变压器电路，有两个 8.2V、0.5A 的二次侧线圈。现在，如果想得到一组稍低于 8V 的电压，用这只变压器，能实现吗？

针对这个问题，不拆变压器也能够实现：只要把 8.2V 的二次侧线圈串入一次侧线圈（注意同名端，应头尾相串），再接入 220V 电源，则变压器的另一个二次侧线圈的输出电压就会改变。

变压器一次侧线圈、二次侧线圈的每伏匝数基本上是相同的，设为 n，则该变压器原一次侧线圈的匝数为 $220n$ 匝，两个二次侧线圈的匝数分别为 $8.2n$ 和 $8.2n$ 匝。如果把一个 8.2V 次级线圈正串入一次侧线圈后，一次侧线圈就变成 $(220+8.2)n$ 匝。当变压器一次侧线圈的匝数改变时，由于变压器二次侧线圈的输出电压与一次侧线圈的匝数成反比，所以将 8.2V 线圈串入一次侧线圈后，则另一个 8.2V 二次侧线圈的输出电压（U_{01}）就变为

$$U_{01} = \frac{220n}{(220+8.2)n} \times 8.2 = 7.91 \quad (V)$$

同理，如果把一个 8.2V 二次侧线圈反串入一次侧线圈，再接入 220V 电源，则另一个 8.2V 二次侧线圈的输出电压（U_{02}）就变为

$$U_{02} = \frac{220n}{(220-8.2)n} \times 8.2 = 8.52 \quad (V)$$

图 2-20 测试变压器电路

2. 变压器二次侧线圈的串联

若将此变压器的两个二次侧线圈正向串联，就可以得到 $U_{03}=8.2+8.2=16.4$（V）的二次侧输出电压。反之，如果将它的二个二次侧线圈反向串联，其输出电压就成为

$$U_{04} = 8.2-8.2 = 0 \quad (V)$$

3. 变压器二次侧线圈的并联

如果将两个或多个输出电压相同的二次侧线圈相并联（注意应同名端相并联），可以获得较大的负载电流。本例中，如果将两个一次侧线圈同相并联，则其负载电流可增至 1A。

4. 变压器二次侧线圈的串联、并联使用时应注意的问题

在将一个变压器的各个二次侧线圈进行串、并联使用时，应注意以下几个问题：

（1）两个或多个二次侧线圈，即使输出电压不同，均可正向或反向串联使用，但串联后的线圈允许流过的电流应小于等于其中最小的额定电流值；

（2）两个或多个输出电压相同的线圈，可同相并联使用。并联后的负载电流可增加到并联前各线圈的额定电流之和，但不允许反相并联使用；

（3）输出电压不相同的线圈，绝对不允许并联使用，以免由于线圈内部产生环流而烧坏线圈；

（4）有多个抽头的线圈，一般只能取其中一组（任意两个端子）来与其他线圈串联或并

联使用。并联使用时，该两端子间的电压应与被并线圈的电压相等；

（5）变压器的各线圈之间的串、并联都为临时性或应急性使用。长期性的应用仍应采用规范设计的变压器。

三、实验设备

实验设备见表 2 - 16。

表 2 - 16　　　　　　　　　　　　　**实 验 设 备**

序　号	名　　　称	型号与规格	数　量
1	交流电压表	0～500V	2 台
2	实验变压器	220V/15V 0.3A，5V 0.3A	1 个

四、实验内容

（1）用交流法判别变压器各线圈的同名端；

（2）将变压器的 1、2 两端接交流 220V，测量并记录两个二次侧线圈的输出电压；

（3）将 1、3 连通，2、4 两端接交流 220V，测量并记录 5、6 两端的电压；

（4）将 1、4 连通，2、3 两端接交流 220V，测量并记录 5、6 两端的电压；

（5）将 4、5 连通，1、2 两端接交流 220V，测量并记录 3、6 两端的电压；

（6）将 3、5 连通，1、2 两端接交流 220V，测量并记录 4、6 两端的电压；

（7）将 3、5 连通，4、6 连通，1、2 两端接交流 220V，测量并记录 3、4 两端的电压。

五、实验注意事项

（1）由于实验中用到 220V 交流电源，因此操作时应注意安全。

（2）做每个实验和测试之前，均应先将调压器的输出电压调为 0V，在接好连线和仪表，经检查无误后，再慢慢将调压器的输出电压调到 220V。测试、记录完毕后立即将调压器的输出电压调为 0V。

（3）图 2 - 20 中，变压器两个次级线圈所标注的输出电压是在额定负载下的输出电压。本实验中所测得的各个二次侧线圈的电压实际上是空载电压，要比所标注的电压高。

（4）实验内容 7 中，必须确保 3、5（或 4、6）为同名端，否则会烧坏变压器。

六、预习思考题

（1）图 2 - 20 所示变压器的二次侧额定电流是多少（变压器效率以 85％计）？

（2）U_{01}、U_{02}、U_{03}、U_{04} 的计算公式是如何得出的？

（3）将变压器的不同线圈串联使用时，要注意什么？

七、实验报告

（1）总结变压器的几种连接方法。

（3）总结变压器的使用条件。

第二篇 EWB 仿真实验

第三章 EWB 仿真软件介绍

实验一 EWB 的特点及安装

一、虚拟电子工作台（EWB）简述

在进行电子电路设计时，通常需要制作一块实验板来进行调试，以测试所设计的电路是否达到设计要求。但是，设计的电路往往不能一次性通过，要反复经过许多次调试，才能符合设计要求。这样既费时费力，又增加了产品的成本。另外，因受实验场所、仪器设备等因素的限制，许多实验不能进行。为了解决上述一系列问题，加拿大 Interactive Image Technologies 公司于 20 世纪 80 年代末、90 年代初推出了专门用于电子电路仿真和设计的"虚拟电子工作平台（Electronics Workbench，EWB)"软件，它是一种在电子技术界广为应用的优秀计算机仿真设计软件，被誉为"虚拟电子实验室"。电子产品设计人员利用这个软件对所设计的电路进行仿真和调试。一方面可以验证所设计的电路是否能达到设计要求的技术指标；另一方面，又可以通过改变电路中元器件的参数，使整个电路性能达到最佳。其软件的特点是图形界面操作，易学、易用，快捷、方便，真实、准确，使用 EWB 可实现大部分硬件电路实验的功能。

电子工作平台的设计实验工作区好像一块"面包板"，在上面可建立各种电路进行仿真实验。电子工作平台的元器件库可为用户提供 350 多种常用模拟和数字器件，可供设计和实验时任意调用。虚拟器件在仿真时可设定为理想模式和实际模式，有的虚拟器件还可直观显示，例如，发光二极管可以发出红、绿、蓝光，逻辑探头象逻辑笔那样可直接显示电路结点的高低电平，继电器和开关的触点可以分合动作，熔断器可以烧断，灯泡可以烧坏，蜂鸣器可以发出不同音调的声音，电位器的触点可以按比例移动改变阻值。电子工作平台的虚拟仪器库存放着数字万用表、双通道 1000MHz 数字存储示波器、999MHz 数字函数发生器、可直接显示电路频率响应的波特图仪、16 路数字信号逻辑分析仪、16 位数字信号发生器等，这些虚拟仪器可以随时拖放到工作区对电路进行测试，并直接显示有关数据或波形。电子工作平台还具有强大的分析功能，可进行直流工作点分析，暂态和稳态分析，傅立叶变换分析，噪声及失真度分析，零极点和蒙特卡罗等多项分析。

EWB 还是一个非常优秀的电工电子技术实验训练工具，因为电工电子技术类课程是实践性很强的课程，将 EWB 作为该类课程的辅助教学和实验训练手段，它不仅可以弥补经费不足带来的实验仪器、元器件缺乏，而且排除了原材料损耗和仪器损坏等因素，可以帮助学生更快更好地掌握课堂讲授的内容，加深对概念和原理的理解，弥补课堂理论教学的不足。通过仿真，可以熟悉常用电子仪器的使用方法和测量方法，进一步培养学生综合分析问题的能力、排除故障的能力和开发创新的能力。你只要拥有一台普通配置的计算机，安装了 EWB 之后，你就相当于拥有了一个功能强大、设备齐全、器件丰富的小型"电子实验室"。

二、EWB 的特点与功能

EWB 的显著特点是仿真手段切合实际,选用元器件和仪器与实际情况非常接近,绘制电路图所需的元器件、仿真所需的仪器仪表均可在相应库中直接选取。

EWB 的元器件库不仅提供了数千种电路元器件供选用,而且还提供了各种元器件的理想值,因此,仿真的结果就是该电路的理论值,这对于验证电路原理、自学电路内容、开发设计新的电路极为方便。同时,根据需要也可以新建或扩充已有的元器件库,因此极大地方便了使用者。

EWB 提供了非常丰富的电路分析功能,包括电路的瞬态分析和稳态分析、时域分析和频域分析、线性和非线性分析、噪声和失真分析等常规分析方法,还提供了离散傅里叶分析、电路零—极点分析和交直流灵敏度分析等多种高级分析方法,以帮助设计人员研究电路性能。另外,它还可以对被仿真电路中的元器件人为设置故障,如开路、短路和不同程度的漏电等,针对不同故障可以观察电路的各种状态,从而加深对概念原理的理解,这是在实际实验中不易做到的,这是电子工作台完成虚拟实验的突出特色。在进行仿真的同时,它还可以存储测试点的所有数据、测试仪器的工作状态、显示波形和具体数据,列出被仿真电路的所有元器件清单等。电子工作台所提供的元器件与目前较常用的电子电路分析软件 PSPICE 的元器件库是完全兼容的,换句话说,两者之间可以相互转换。同时,在该软件下完成的电路文件可以直接输出至常见的印刷电路板排版软件,如 PROTEL 和 ORCAD 等软件,自动排出印刷电路板图,从而大大加快了产品的开发速度,提高了设计人员的工作效率。

EWB 还提供了大量的常用实例电路库,而且伴有电路描述、实验建议等说明,供使用者参考和教学演示用。使用者可以对这些电路进行仿真、修改等,进一步发挥各自的创造能力。使用者也可以将自己设计的电路存储到该电路库中,以丰富电路库中的内容。

三、EWB 的安装

EWB5.12 版的安装是基于 Windows 操作界面的,至于安装盘是软盘还是 CD 光盘、操作系统是 Windows 98 还是 Windows XP,其安装情况略有差异,但基本步骤大致相同。下面介绍的是以安装盘为光盘,在 Windows XP 操作系统下的安装步骤。

EWB5.12 版的安装步骤如下:

(1) 点击光盘驱动器,找到安装盘的启动文件 setup.exe,并双击鼠标运行该文件。

(2) 根据屏幕提示信息进行安装,确定程序的安装位置、工作目录,输入用户信息和序列号。

(3) 选择安装硬盘位置时,应考虑磁盘空间是否能满足程序运行时临时性文件所要求的磁盘空间大小。

图 3-1　Electronics Workbench 图标

安装完毕后,启动桌面上出现图 3-1 所示的 Electronics Workbench 图标,点击该图标就会出现相应的工作界面。

实验二　EWB 的 工 作 界 面

一、EWB 的主窗口及菜单栏

EWB 与其他 Windows 应用程序一样,有一个标准的工作界面,其工作界面由标题栏、菜单栏、工具栏、元器件与仪器库栏、"启动/停止"开关、"暂停/恢复"按钮、电路工作区及滚动条等部分组成，如图 3 - 2 所示。

启动 EWB 5.12 后，可以看到如图 3 - 2 所示的工作界面。工作界面中最大的区域是电路工作区，在该区域可以创建电路和测试电路。在菜单栏中可以选择电路连接和实验所需的各种命令。工具栏包含了常用的操作命令按钮。元器件与仪器库栏包含了电路实验所需的各种模拟和数字元器件以及测试仪器仪表。通过操作鼠标即可方便地使用各种命令和实验设备。按下"启动/停止"开关或"暂停/恢复"按钮，即可进行实验（仿真）。此时元器件丰富、仪器设备齐全、电路连接方便的虚拟电子实验台就展现在我们面前。

EWB 的菜单栏在图 3 - 2 所示工作界面标题栏的下方，共有六个菜单项组成，分别是 File（文件）、Edit（编辑）、Circuit（电路）、Analysis（分析）、Window（窗口）、Help（帮助）等菜单，每个菜单项的下拉菜单中又包括若干条命令。菜单栏主要是用于提供电路文件的存取、电路图的编辑、电路的仿真与分析以及在线帮助等。

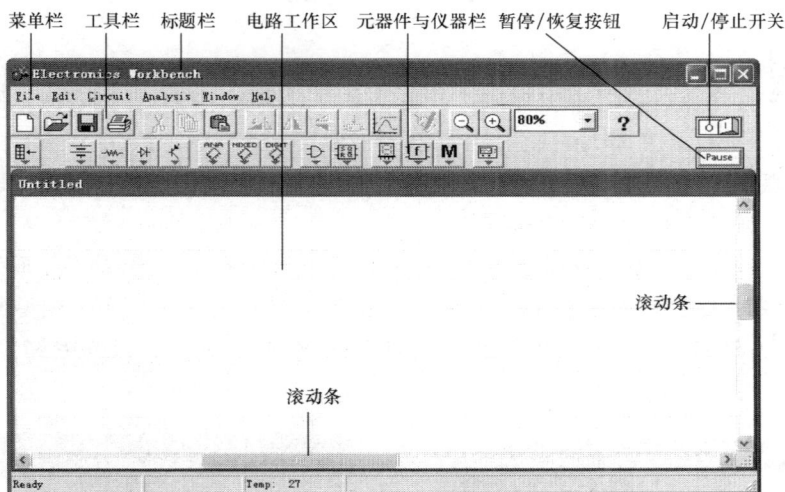

图 3 - 2　Electronics Workbench 工作界面

（一）File（文件）菜单

File（文件）菜单命令主要用于管理 Electronics Workbench 创建的电路文件。用鼠标单击 File（文件）菜单，弹出如图 3 - 3 所示的一个下拉式菜单命令。该下拉式菜单包含的命令有 New（新建文件命令）、Open（打开文件命令）、Save（保存文件命令）、Save As（另存为文件命令）、Revert to Saved（恢复保存命令）、Import（输入文件命令）、Export（输出文件命令）、Print（打印文件命令）—Ctrl＋P、Print setup（打印设置命令）、Exit（退出命令）、Install（安装命令）等命令。

1. New（新建文件命令）—Ctrl＋N

执行新建文件命令，Electronics Workbench 工作界面就会打开一个 Untitled（未命名）新的电路工作区，在该电路工作区就可以创建一个新的实验电路，建立新的电路文件。若电路工作区已有电路，执行 New 后，将刷新电路工作区，建立新的电路文件，同时提问是否保存原先的电路文件，形成一个扩展名为".ewb"的电路文件。

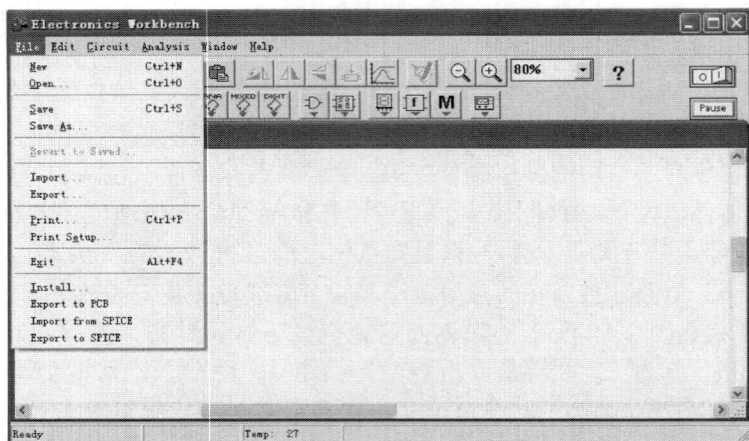

图 3-3   File 菜单

2. Open（打开文件命令）—Ctrl+O

执行打开文件命令，在屏幕上弹出打开电路文件对话框，打开已创建的电路文件，如图 3-4 所示。根据图 3-4 所示对话框，可以选择驱动器位置、文件夹、文件类型和文件名。选择完成后，点击确定按钮，即可将选择好的电路文件调入电路工作区进行实验。

3. Save（保存文件命令）—Ctrl+S

执行保存文件命令，在屏幕上弹出保存电路文件对话框，用于保存当前电路文件，如图 3-5 所示。根据图 3-5 所示对话框，选择驱动器位置、文件夹、文件类型和文件名，设置完成后，点击"确定"按钮，将完成当前的电路文件保存，形成的电路文件的扩展名为 .ewb。

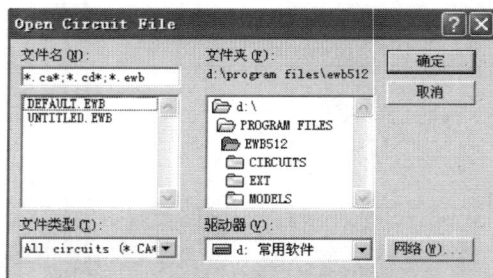

图 3-4   打开电路文件对话框

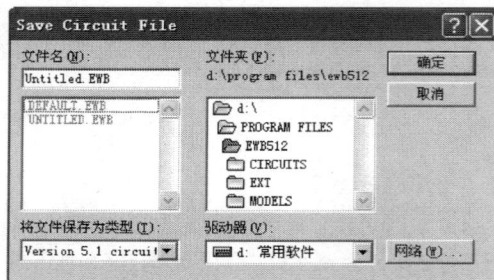

图 3-5   保存电路文件对话框

4. Save as（另存为文件命令）

执行另存为文件命令，在屏幕上弹出保存电路文件对话框，如图 3-5 所示，实现当前电路文件的更名保存。当需要保存的电路文件不使用原先的文件名或需要改变保存路径时，可执行另存为命令，选择新的文件名或新的路径。

5. Revert to Saved（恢复保存命令）

执行恢复保存命令，可将刚才保存的电路恢复到电路工作区。在执行恢复保存命令之前，系统会提示用户：执行恢复保存命令后，当前对电路文件所做的全部修改将被取消，如

图 3-6 所示。

6. Import（输入文件命令）

执行输入文件命令，可输入一个 SPICE 网表文件（扩展名为 .net 或 cir），并将它转换成电路图。

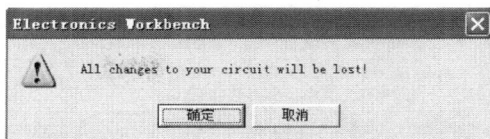

图 3-6 恢复保存命令提示信息

7. Export（输出文件命令）

执行输出文件命令，可以选择电路文件的输出格式，将电路文件以所选择的文件格式保存，保存文件的扩展名为下列形式的一种：.net，.cir，.scr，.cmp，.plc。

8. Print（打印文件命令）—Ctrl+P

执行打印文件命令，会弹出对应选择打印电路文件对话框，如图 3-7 所示。用户可根据要求选择打印电路文件的原理图、电路描述、元件列表、模型列表或子电路等，还可以选择是否打印仪器仪表等。设置完成后，点击"Print"按钮即可打印输出。

9. Print setup（打印设置命令）

执行打印设置命令，弹出打印设置命令对话框，如图 3-8 所示。根据对话框提示，可以设置打印机型号、打印机属性、纸张大小、打印方向等。

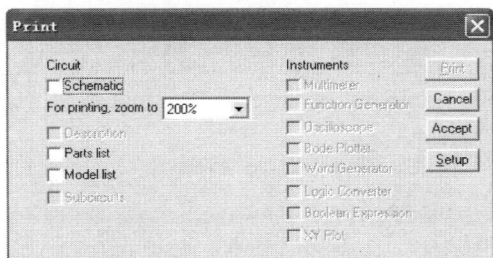

图 3-7 打印电路文件对话框

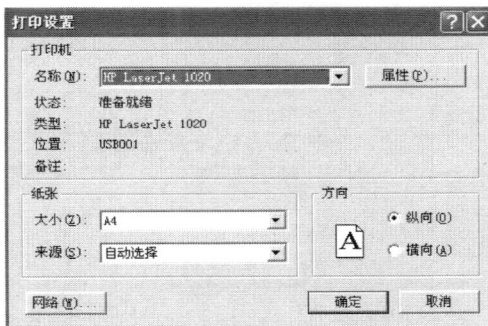

图 3-8 打印设置命令对话框

10. Exit（退出命令）

执行退出命令，将退出 EWB 系统，并关闭电路文件。如果退出前电路文件没有保存，系统将会提示保存电路文件，如图 3-9 所示。如果选择"是"按钮，将保存修改的电路文件，并退出 EWB 系统；若果选择"否"按钮，将不保存修改的电路文件，并退出 EWB 系统；若果选择"取消"按钮，退出当前状态，仍然回到 EWB 工作状态。

11. Install（安装命令）

执行安装命令，主要用于安装 EWB 系统的附加应用程序，图 3-10 所示为安装命令对话框。

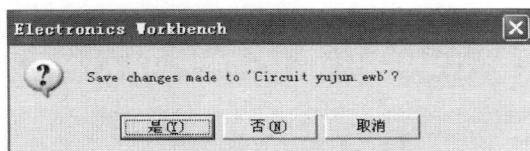

图 3-9 退出命令对话框

12. 与其他软件之间相关的命令

（1）Export to PCB：将当前电路文件输出给 PCB 软件命令；

（2）Import from SPICE：从 SPICE 电路结点文件倒入 EWB 电路文件命令；

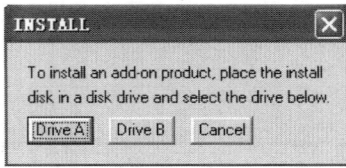

图 3-10　安装命令对话框

（3）Export to SPICE：将当前电路文件输出为 SPICE 电路结点文件命令。

（二）Edit（编辑）菜单

Edit（编辑）菜单命令主要用于对电路、元器件进行各种编辑处理。用鼠标单击 Edit（编辑）菜单，弹出一个如图 3-11 所示的一个下拉式子菜单命令对话框。该下拉式菜单包含的命令有：Cut（剪切命令）、Copy（复制命令）、Paste（粘贴命令）、Delete（删除命令）、Select All（选择全部命令）、Copy as Bitmap（复制位图命令）、Show Clipboard（显示剪贴板命令）等命令。

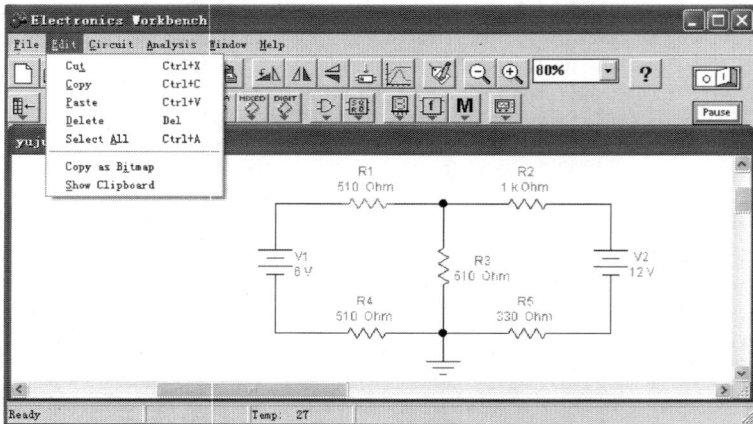

图 3-11　菜单命令对话框

1. Cut（剪切命令）—Ctrl+X

执行剪切命令，Cut 命令可以对电路工作区内的元器件、电路和描述等进行剪切，将结果存放在剪贴板中，以供粘贴到其他位置，但原来位置的内容将消失。Cut 命令不适用于仪器仪表移动。

2. Copy（复制命令）—Ctrl+C

执行复制命令，Copy 命令可将电路工作区内的元器件、电路和描述等结果存放到剪贴板中，以供粘贴到其他位置，且原位置的内容将保留。Copy 命令同样也不适用于仪器仪表的移动。Copy 的操作过程与 Cut 命令相似。

3. Paste（粘贴命令）—Ctrl+V

执行粘贴命令，Paste 命令可将剪贴板上的内容粘贴到所需的位置，但被粘贴位置的文件性质必须与粘贴板内容性质相同，如果不相同，则不能粘贴，例如，不能把元器件和其他图形文件粘贴到描述窗口内。

4. Delete（删除命令）—Del

执行删除命令，Delete 命令将永久删除选定的元器件、电路或文本，但不影响剪贴板中的内容。

5. Select All（选择全部命令）—Ctrl+A

执行选择全部命令，Select All 命令可将电路工作区窗口内的全部或者描述区内的全部文本选定。

6. Copy as Bitmap（复制位图命令）

执行复制位图命令，Copy as Bitmap 命令可以将选中的电路的位图复制到剪贴板上，以便在其他图画或文字编辑软件应用程序进行加工处理。所选中电路的位图不能粘贴到 EWB 系统的电路窗口。

实现复制位图的操作应当分为以下几个步骤：

（1）用鼠标单击 Edit/Copy as Bitmap 命令，此时光标变成"＋"字形。

（2）按住鼠标左键并拖动鼠标，这时出现的矩形框应包围准备复制的电路图形。

（3）释放鼠标左键后，将所选电路的位图就被复制到剪切板上。

（4）打开其他编辑软件，就可以粘贴并使用该位图了。

7. Show Clipboard（显示剪贴板命令）

执行显示剪贴板命令，Show Clipboard 命令可以显示剪贴板上有关内容。

（三）Circuit（电路）菜单

Circuit（电路）菜单命令主要用于电路的创建以及显示。用鼠标单击 Circuit 菜单，弹出如图 3-12 所示的一个下拉式菜单命令。该下拉式菜单包含的命令有 Rotate（旋转命令）、Flip Horizontal（水平翻转命令）、Flip Vertical（垂直翻转命令）、Component Property（元器件属性命令）、Creat Subcircuit（创建子电路命令）、Zoom In（放大命令）、Zoom Out（缩小命令）、Schematic Option（电路图设置命令）等命令。

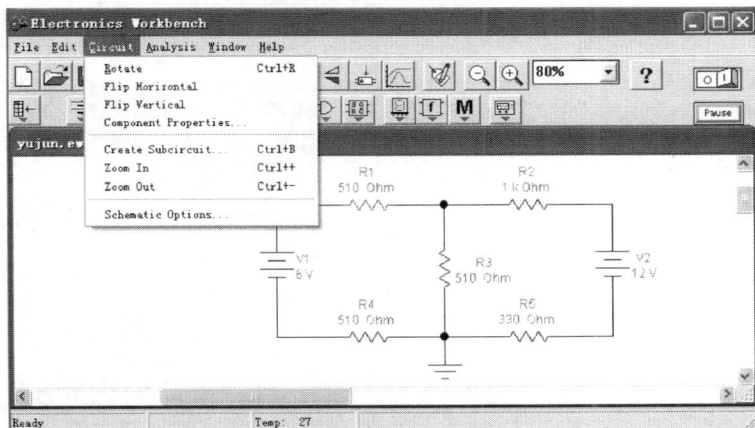

图 3-12　Circuit 菜单

1. Rotate（旋转命令）—Ctrl＋R

执行旋转命令，可将选定的元器件逆时针方向旋转 90°。应当注意，不是所有的元器件都可以进行旋转操作。例如，数字万用表（Multimeter）、函数信号发生器（Function Generator）、示波器（Oscilloscope）、波特图仪（Bode Plotter）、字信号发生器（Word Generator）、逻辑分析仪（Logic Analyzer）、逻辑转换仪（Logic Converter）等的外形不能旋转；另外，集成电路 IC 也不能旋转。

2. Flip Horizontal（水平翻转命令）

执行水平翻转命令，可将选定的元器件水平翻转。

3. Flip Vertical（垂直翻转命令）

执行垂直翻转命令，Flip Vertical 命令可将选定的元器件垂直翻转。

关于元器件的旋转、水平翻转和垂直翻转的说明如图 3 - 13 所示。

图 3 - 13　元器件的旋转、水平翻转和垂直翻转

(a) 原始图形；(b) 旋转图形；(c) 水平翻转图形；(d) 垂直翻转图形

4. Component Property（元器件属性命令）

执行元器件属性命令，将会弹出选中元器件属性对话框，提供可设置的参数。元器件属性对话框具有多种选项可供选择，包括 Lable（标识）、Value（数值）、Fault（故障设置）、Displdy（显示）、Analysis Setup（分析设置）、Model（模型）等相关属性的设置。根据仿真要求，属性可以修改。选择的元器件不同，其属性的多少及其内容也就不同。

下面以电阻元件为例说明元器件属性的编辑：

元器件属性的 Lable（标识）指的是元器件在电路中的标识和 Reference ID。元器件的标识可以选用参考的标识也可以自己选用其他的标识；Reference ID 则是按照元器件的输入顺序由 EWB 软件自动加入的，也可以更改，但必须是唯一的。图 3 - 14 所示为电阻元件 Lable 对话框。

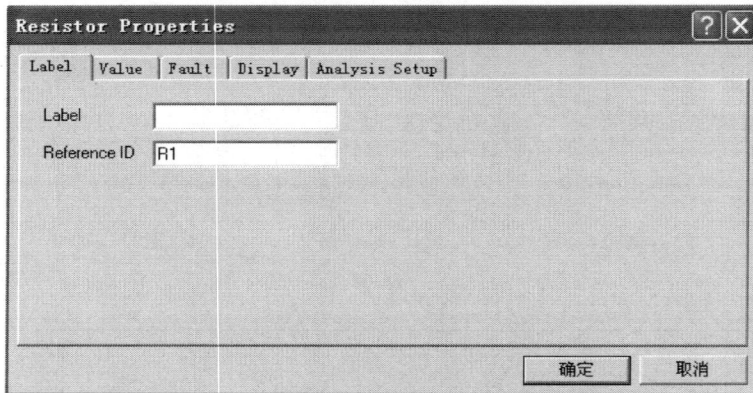

图 3 - 14　电阻元件 Lable 对话框

元器件属性的 Value（数值）指的是元器件参数的设置，如图 3 - 15 所示。数值要根据所设计的电路来给出，以适应实验电路的仿真需要。

元器件属性的 Fault（故障设置）指的是在元器件的两个引脚之间设置故障，用来仿真实际元件和电路中出现的故障，如图 3 - 16 所示。对话框内有四个可选项 Leakage（泄漏）、Short（短路）、Open（开路）和 None（无）。

选择 Leakage（泄漏）指的是在元器件两个引脚之间接上一个电阻，电阻的阻值可以任意设置，设置一个漏电故障；

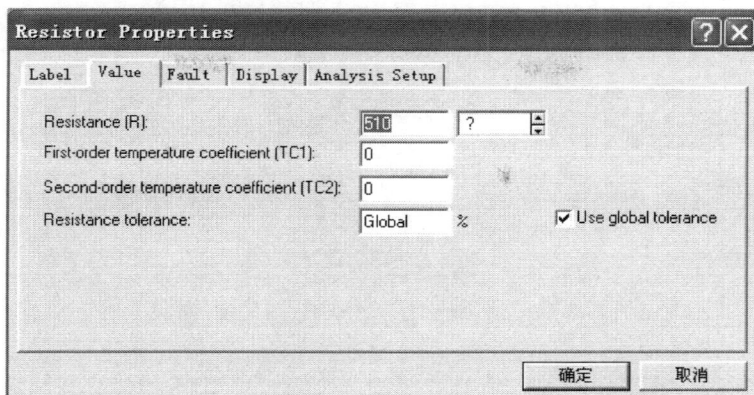

图 3 - 15 电阻元件 Value 对话框

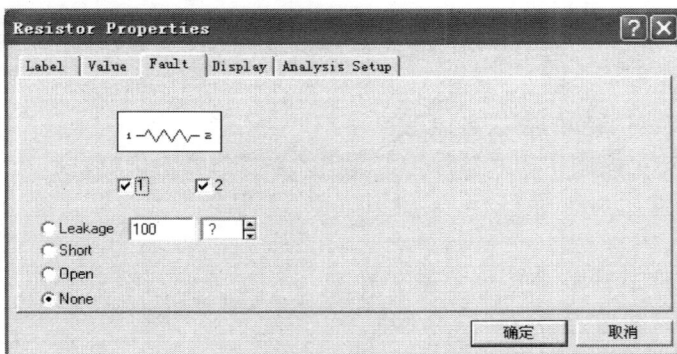

图 3 - 16 电阻元件 Fault 对话框

选择 Short（短路）指的是在元器件两个引脚之间接上一个小电阻，设置一个短路故障；
选择 Open（开路）指的是在元器件两个引脚之间接上一个大电阻，设置一个开路故障；
选择 None（无）指的是不设置任何故障。

元器件属性的 Displdy（显示）指的是元器件的 Lable（标识）、Value（数值）或 Model（模型）、Reference ID 等信息。图 3 - 17 所示为电阻元件 Displdy 对话框。

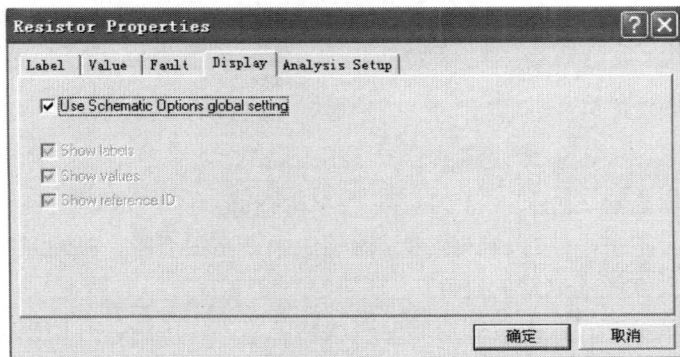

图 3 - 17 电阻元件 Displdy 对话框

元器件属性的 Analysis Setup（分析设置）指的是在分析电路过程中，对元器件特殊参数的设置。图 3-18 所示为电阻元件 Analysis Setup 对话框。

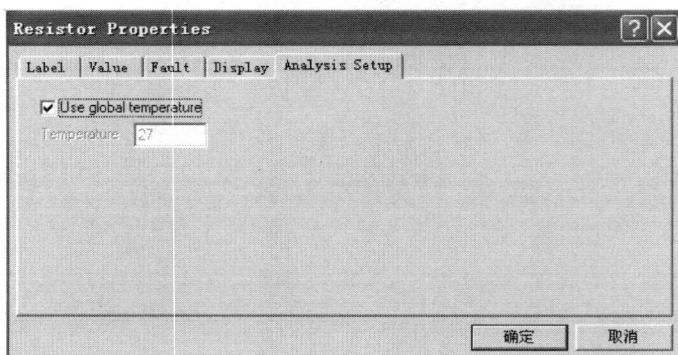

图 3-18　电阻元件 Analysis Setup 对话框

元器件属性的 Model（模型）指的是元器件模型的选择。元器件的模型可以选择理想模型，也可以选择实际模型。图 3-19 所示为晶体管 Model 对话框。

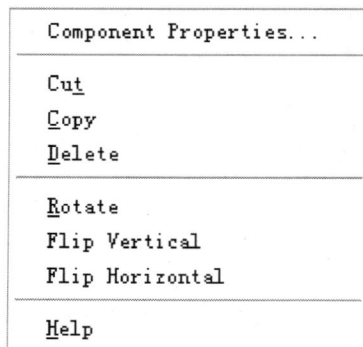

调出元器件属性对话框的办法有以下三种：

（1）用鼠标双击电路图中的元器件，可弹出元器件属性对话框；

（2）选中元器件后，执行 Component Property 命令，可调出元器件属性对话框进行设置；

（3）选中元器件后，单击鼠标右键，在图 3-20 所示下拉式菜单中单击 Component Properties... 命令，弹出元器件属性对话框。

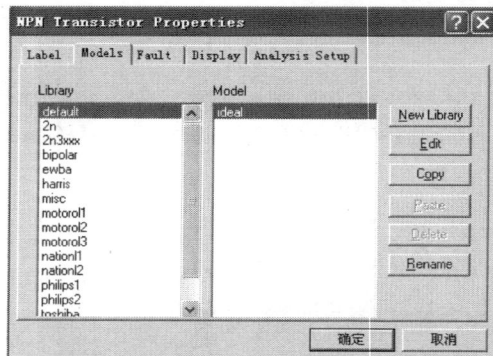

图 3-19　晶体管 Model 对话框　　　图 3-20　Component Properties... 命令下拉菜单

5. Creat Subcircuit（创建子电路命令）—Ctrl＋B

执行创建子电路命令，Creat Subcircuit 命令可创建一个子电路。子电路是指电路的一部分或全部。用户可把子电路存放到用户元器件库中，当需要时，随时从库中调出。子电路的创建和使用，大大方便了电路的设计。

为了创建子电路，首先要把带创建的电路放到电路工作区上，并用鼠标左键选定部分或全部电路，在单击创建子电路命令，屏幕上将出现一个 Subcircuit（子电路）对话框，如图 3-21 所示，对话框要求键入子电路的名称，例如，子电路命名为 SXFU。子电路对话框里有 4 个可选项。

（1）Copy from Circuit 表示将选择的电路复制到用户器件库中作为子电路，电路工作区上的原电路保持不变；

（2）Move from Circuit 表示将选择的电路移动到用户器件库中作为子电路，电路工作区上的原电路不再存在；

（3）Replace in Circuit 表示用电路工作区中选择的电路替换原有的子电路，并将选择的电路作为新的同名称子电路保存在用户器件库中；

（4）Cannel 表示取消创建子电路的操作。

图 3-21 子电路对话框

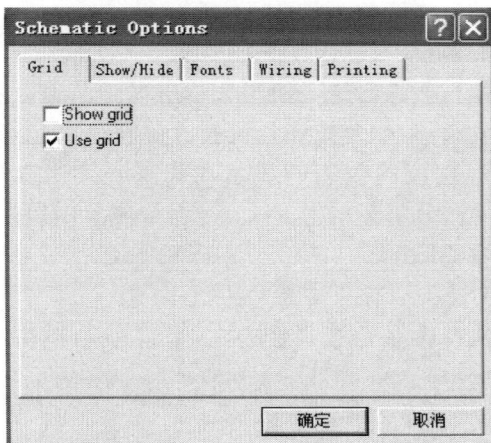

6. Zoom In（放大命令）—Ctrl＋"＋"

执行放大命令，将放大电路工作区内的电路。

7. Zoom Out（缩小命令）—Ctrl＋"－"

执行缩小命令，将缩小电路工作区内的电路。

8. Schematic Option（电路图选项命令）

执行电路图选项命令，将弹出电路图选项对话框，用于设置与电路图有关的一些选项。该对话框中有 5 个选项卡，分别是 Grid（栅格）、Show/Hide（显示/隐藏）、Fonts（字型）、Wiring（导线）和 Printing（打印）等选项卡。

Grid（栅格）选项卡用于设置在电路工作区中显示或隐藏点状栅格，如图 3-22 所示。

Show/Hide（显示/隐藏）选项卡用于设置在电路工作区中显示或隐藏的某些内容，如图 3-23 所示。

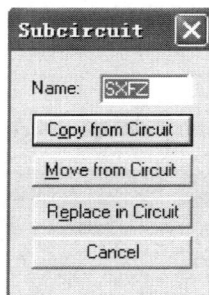

图 3-22 Grid（栅格）选项卡

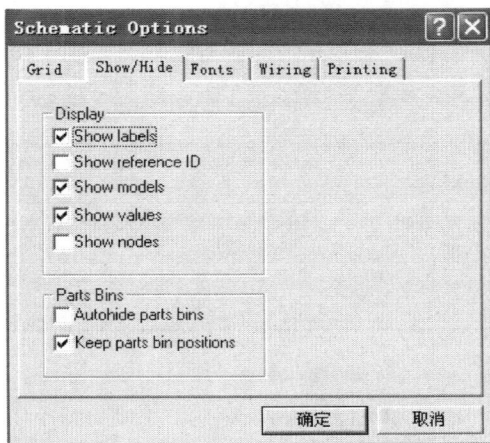

图 3-23 Show/Hide（显示/隐藏）选项卡

Fonts（字型）选项卡用于设置元器件标识、数值的字体和字号，如图 3-24 所示。

Wiring（导线）选项卡用于完成布线和重新布线的一些设置，如图 3-25 所示。

Printing（打印）选项卡用于设置有关打印的相关信息，如图 3-26 所示。

（四）Analysis（分析）菜单

Analysis（分析）菜单命令主要用于电路的仿真。用鼠标单击 Analysis（分析）菜单，弹出如图 3-27 所示的一个下来时菜单。该下拉式菜单包含的命令有：Activate（激活命令)、Pause（暂停命令）、Stop（停止命令）、Analysis Option（分析选项命令）、DC Operating Point（直流工作点分析命令）、AC Frequency（交流频率分析命令）、Transient（暂态分析命令）、Fourier（傅里叶分析命令）、Monte Carlo（蒙特卡罗分析命令）、Display Graph（图表显示命令）等命令。

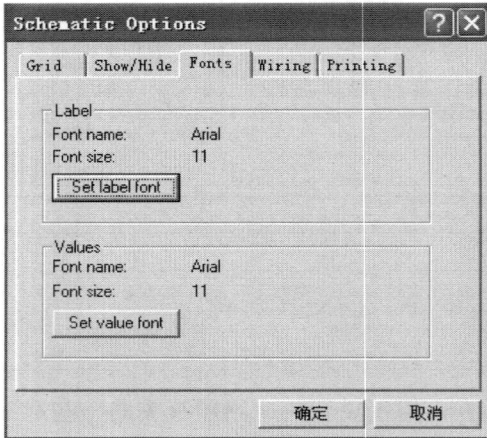

图 3 - 24　Fonts（字型）选项卡

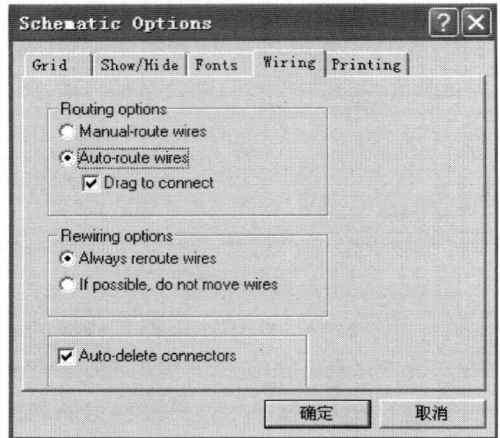

图 3 - 25　Wiring（导线）选项卡

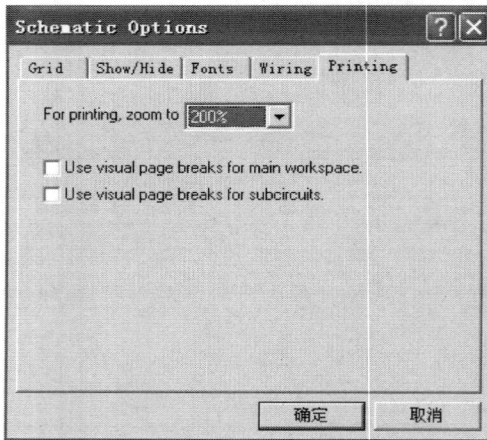

图 3 - 26　Printing（打印）选项卡

1. Activate（激活命令）—Ctrl+G

执行激活命令，相当于单击电路工作区右上角的启动/停止开关，接通后 EWB5.12 开始对电路工作区的电路进行仿真运行。

2. Pause（暂停命令）—F9

执行暂停命令，相当于单击电路工作区右上角的暂停/恢复按钮，可暂时停止仿真运行，以便观察仪器仪表的显示，若需继续仿真运行，单击分析菜单中 Resume 命令或单击暂停/恢复按钮即可。

3. Stop（停止命令）—Ctrl+T

执行停止命令，EWB5.12 将会停止仿真实验运行。

4. Analysis Option（分析选项命令）—Ctrl+Y

执行分析选项命令，将会弹出分析选项对话框，对话框内容主要包括关于 Global（全局）分析设置、DC（直流）分析设置、Transient（暂态）分析设置、Device（器件）设置和 Instruments（仪器）设置等多项内容，具体选项如图 3 - 28 所示。通过各种选项的设置，来满足实际电路的仿真要求。

5. 分析功能

电子工作平台具有强大的分析功能，可进行 DC Operating Point（直流工作点分析）、AC Frequency（交流频率分析）Transient（暂态分析）、Fourier（傅里叶分析）、Monte Carlo（蒙特卡罗分析）等多项分析。

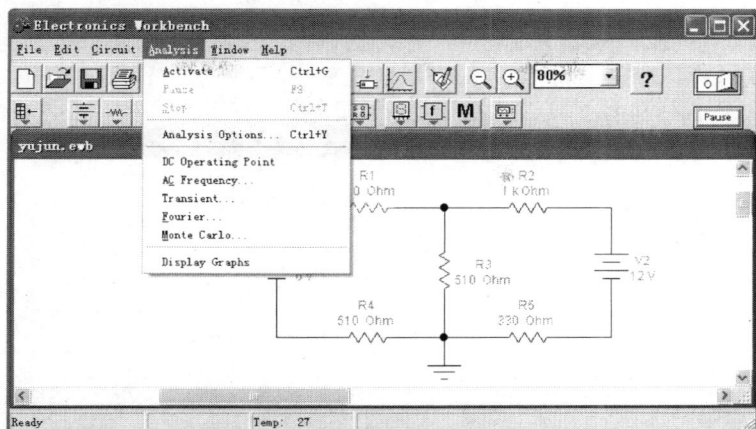

图 3 - 27　Analysis 菜单

6. Display Graph（显示图表命令）

显示图表命令是 EWB 软件给用户提供的一种便利分析工具。完成电路的仿真实验后，执行显示图表命令，屏幕上就会弹出显示图表对话框，如图 3 - 29 所示，对话框内将显示分析的结果，该结果可以是图形，也可以是数据。

（五）Window（窗口）菜单

Window（窗口）菜单主要用于对 Workbench 工作界面的显示窗口和元器件进行设置和管理。用鼠标单击 Window（窗口）菜单，弹出如图 3 - 30 所示的下拉式菜单命令。该下拉式菜单包含的命令有 Arrange（排列窗口命令）、Circuit（电路窗口命令）和 Description（描述窗口命令）。

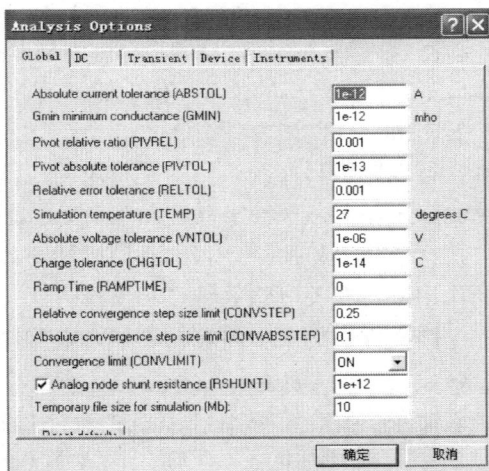

图 3 - 28　Analysis Option 对话框

图 3 - 29　Display Graph 对话框

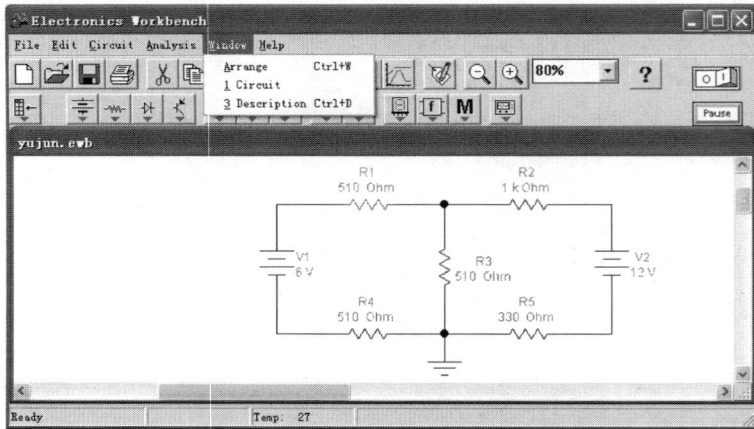

图 3-30　Window 菜单

1. Arrange（排列窗口命令）—Ctrl＋W

执行排列窗口命令，目的是合理安排电路工作区窗口、元器件库窗口和已经打开的描述窗口在电子工作平台上的位置，使它们排列有序，不产生图形重叠，并尽可能扩大窗口面积。

2. Circuit（电路窗口命令）

执行电路窗口命令，目的是将电路工作区内的电路电路文件在前台显示，并进行仿真。

3. Description（描述窗口命令）—Ctrl＋D

执行描述窗口命令，目的是使描述窗口显示在前台。描述窗口位于电路工作区的下部，主要作用是将有关电路的特点和操作方法等说明以文本方式写入该窗口，或者用粘贴方式将其他电路文件中的文本内容粘贴到本电路描述窗口。

（六）Help（帮助）菜单

该命令主要介绍 Workbench 的程序操作、仪器使用和元器件选取等有关内容。用鼠标选中 Help，弹出如图 3-31 所示的菜单命令。该下拉式菜单包含的命令有：Help（帮助命令）、Help Index（帮助主题词索引命令）、Release Notes（版本说明）、About Electronic Workbench（程序版本说明命令）。

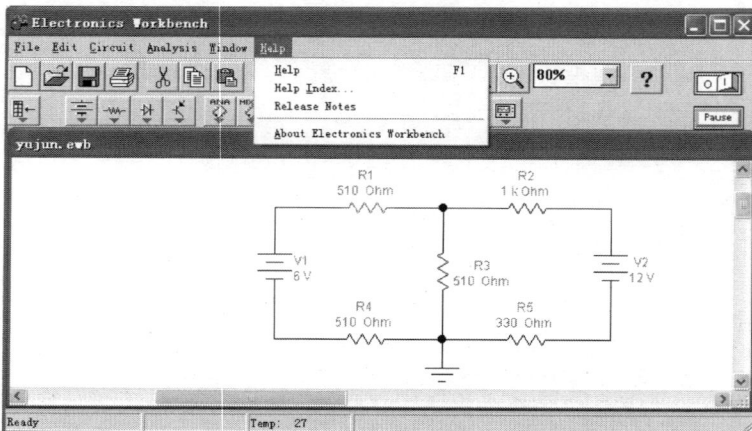

图 3-31　Help 菜单

1. Help（帮助命令）—F1

执行帮助命令，当没有选定任何内容时，屏幕上将弹出"帮助"内容的各主题索引；当已选定电路工作区中的元器件或仪器时，屏幕上将弹出该元器件或仪器的相关帮助信息。在帮助内容中，凡是在该单词下面有划线的主题词，均可用鼠标直接点击，了解该词的含义等相关信息。

2. Help Index（帮助主题词索引命令）

执行帮助主题词索引命令，屏幕上将弹出所有帮助主题索引。

3. Release Notes（版本说明）

执行版本说明命令，屏幕上将弹出有关 Electronic Workbench 5.12 的注解信息。

4. About Electronic Workbench（程序版本说明命令）

执行程序版本说明命令，屏幕上将弹出关于 Electronic Workbench 5.12 版本、序列号、许可等信息。

二、EWB 的工具栏

EWB 的工具栏如图 3-32 所示，工具栏提供了编辑电路所需要的一系列工具，使用工具栏目下的工具按钮可以更加方便地完成操作。

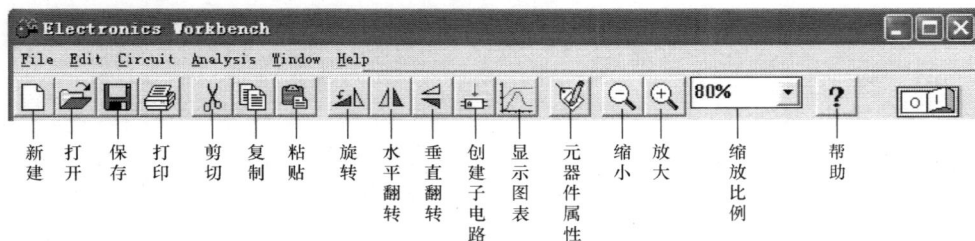

图 3-32　EWB 的工具栏

工具栏中各个按钮的功能如下：

（1）新建——建立一个新的电路文件；

（2）打开——打开一个已经建立的电路文件；

（3）保存——保存一个新建或修改过的电路文件；

（4）打印——打印电路文件；

（5）剪切——剪切一个选择对象到剪切板上；

（6）复制——复制一个选择对象到剪切板上；

（7）粘贴——将剪切板中的一个选择对象粘贴到指定的电路文件中；

（8）旋转——将选中的元器件逆时针方向旋转 90°；

（9）水平翻转——将选中的元器件水平翻转；

（10）垂直翻转——将选中的元器件垂直翻转；

（11）创建子电路——创建一个新的子电路；

（12）显示图表——调出显示图形窗口；

（13）元器件属性——调出元器件属性对话框，进行元器件属性设置；

（14）缩小——将电路图缩小到一定的比例；

（15）放大——将电路图放大到一定的比例；

（16）缩放比例——通过下拉框列出的缩放比例选择合适的电路图缩放比例；

（17）帮助——显示帮助的内容。

三、EWB 的元器件与仪器库栏

EWB 系统为用户提供了非常丰富的元器件库及各种常用测试仪器，存放在工作界面上的元器件库与仪器库栏中，给电路仿真实验带来极大方便。图 3 - 33 对元器件与仪器库栏给出了标注。单击元器件库与仪器库栏的某一个图标即可打开该元器件库与仪器库。下面结合元器件库与仪器库的图标分别介绍库所包含的元器件或仪器。

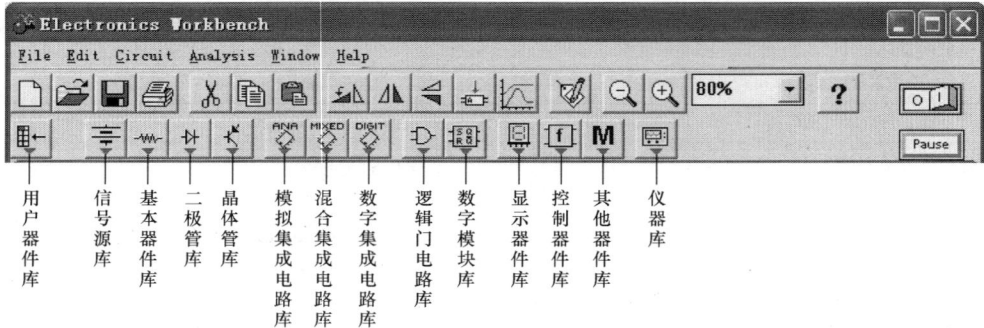

图 3 - 33　元器件与仪器库栏

（一）信号源库（Sources）

单击信号源库图标，调出信号源库下拉菜单，信号源库包含了各种独立电源和受控电源，如图 3 - 34 所示。

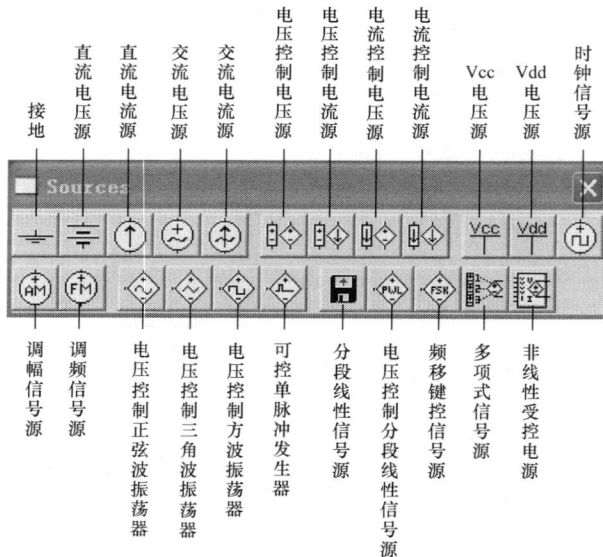

图 3 - 34　信号源库图标

（二）基本元器件库（Basic）

单击基本元器件库图标，调出基本元器件库下拉菜单，如图 3 - 35 所示。基本元器件库包含了各种基本无源元器件，方便地用于电路仿真。

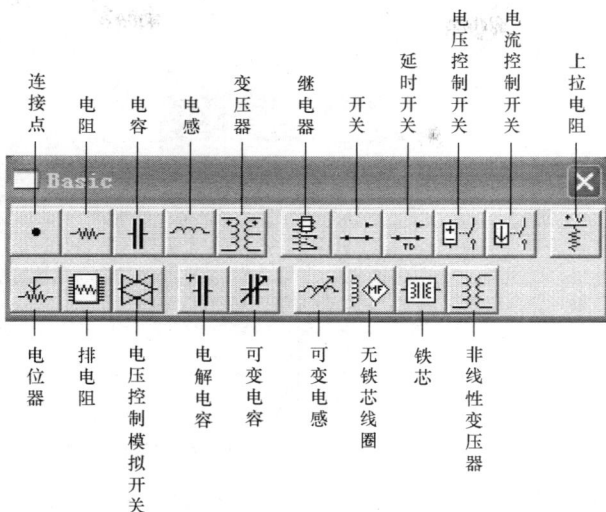

图 3-35　基本元器件库图标

（三）二极管库（Diode）

单击二极管库图标，调出二极管库下拉菜单，如图 3-36 所示。二极管库中包括各种二极管和可控硅等。

（四）晶体管库（Transistors）

单击晶体管库的图标，调出晶体管库下拉菜单，如图 3-37 所示。晶体管库包括了各种双极型晶体管、结型场效应管和 MOS 场效应管等。

（五）模拟集成电路库（Analog Ics）

单击模拟集成电路库的图标，调出模拟集成电路库下拉菜单，如图 3-38 所示。模拟集成电路库主要包括运算放大器、比较器和锁相环电路等。

图 3-36　二极管库图标

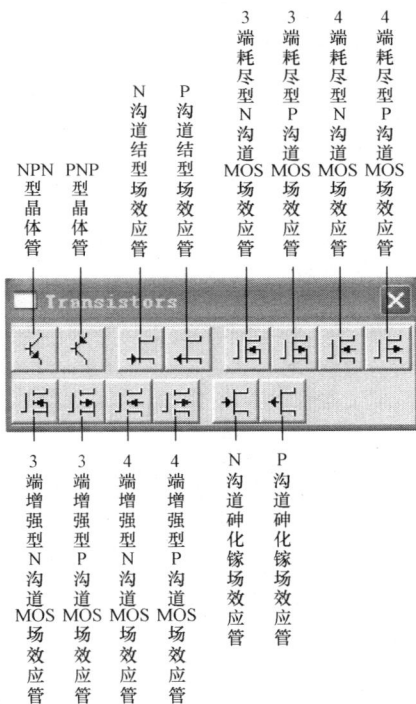

图 3-37　晶体管库图标

（六）混合集成电路库（Mixed Ics）

单击混合集成电路库的图标，调出混合集成电路库下拉菜单，如图 3-39 所示。混合集成电路库包含模数转换器、数模转换器、单稳态触发器和 555 定时器等。

（七）数字集成电路库（Digital Ics）

单击数字集成电路库的图标，调出数字集成电路库下拉菜单，如图3-40所示。数字集成电路库包括74XX系列和4XXX系列的集成电路。

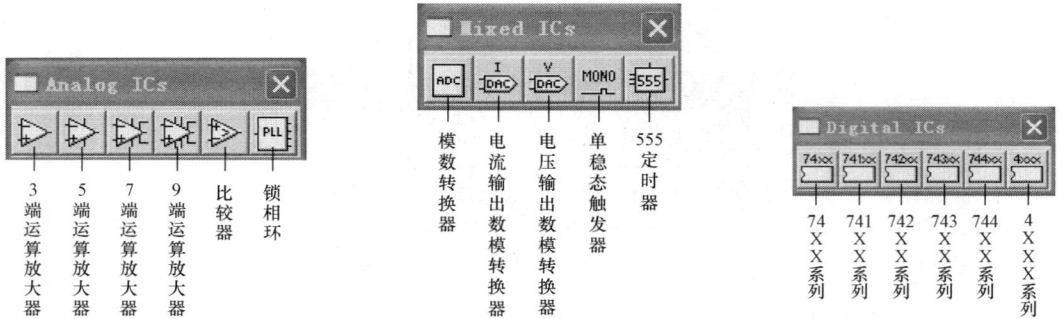

图 3-38 模拟集成电路库图标　图 3-39 混合集成电路库图标　图 3-40 数字集成电路库图标

（八）逻辑门电路库（LogicGates）

单击逻辑门电路库的图标，调出逻辑门电路库下拉菜单，如图3-41所示。逻辑门电路库包括各种基本门电路，为数字电路的设计和实践提供了方便。

（九）数字器件库（Digital）

单击数字器件库的图标，调出数字器件库下拉菜单，如图3-42所示。数字器件库库包括半加器、全加器、各种触发器、多路开关、译码器、编码器、算术单元、计数器和移位寄存器等。

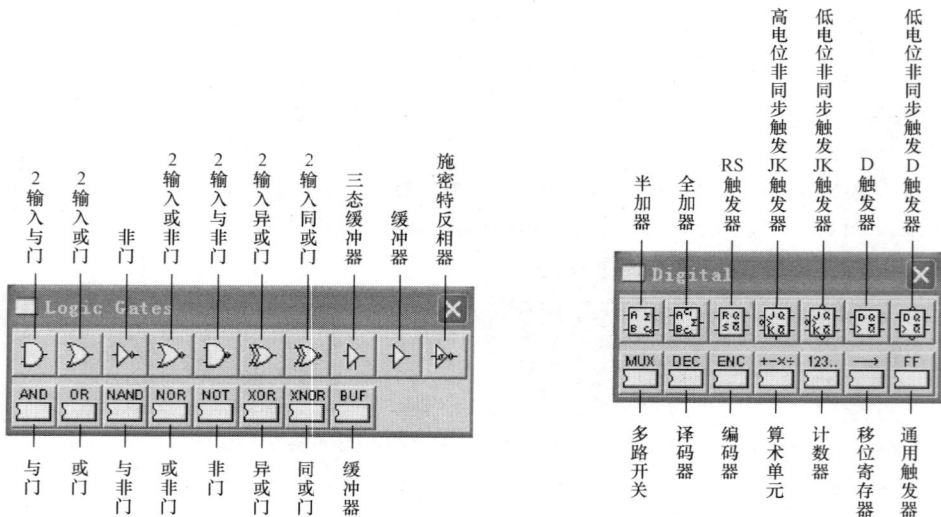

图 3-41 逻辑门电路库图标　　　　图 3-42 数字器件库图标

（十）指示器件库（Indicators）

单击指示器件库的图标，调出指示器件库下拉菜单，如图3-43所示。指示器件库包括电压表、电流表、灯泡、红色指示器、蜂鸣器和各种输出信号的监测显示器件等。

（十一）控制器件库（Controls）

单击控制器件库的图标，调出控制器件库下拉菜单，如图 3-44 所示。控制器件库包括各种电压和电流的处理单元模块，如电压微分器、电压积分器、电压增益模块、传递函数模块、乘法器、除法器、加法器和限幅器等。

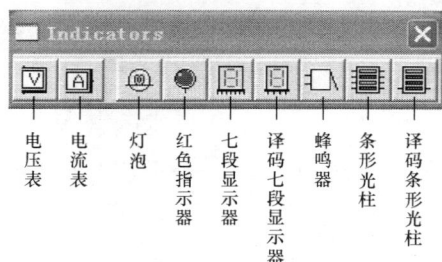

电压表　电流表　灯泡　红色指示器　七段显示器　译码七段显示器　蜂鸣器　条形光柱　译码条形光柱

图 3-43 指示器件库图标

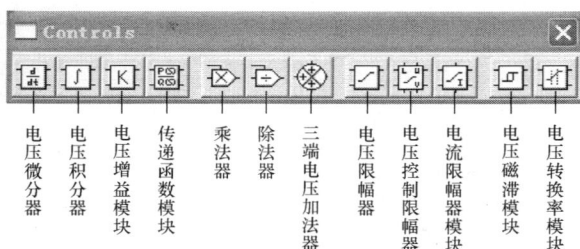

电压微分器　电压积分器　电压增益模块　传递函数模块　乘法器　除法器　三端电压加法器　电压限幅器　电压控制限幅器　电流限幅器模块　电压磁滞模块　电压转换率模块

图 3-44 控制器件库图标

（十二）其他器件库（Miscellaneous）

单击其他器件库的图标，调出其他器件库下拉菜单，如图 3-45 所示。其他器件库包括了各种辅助电路设计的元件，如熔断器、晶振、直流电机和变换器等。

（十三）仪器库（Instruments）

单击仪器库的图标，调出仪器库下拉菜单，如图 3-46 所示。仪器库包括各种输入输出信号产生和检测仪表，分别是数字万用表、函数信号发生器、示波器、波特图仪、字符发生器、逻辑分析仪和逻辑转换仪。下面介绍仪器库内仪表的使用方法。

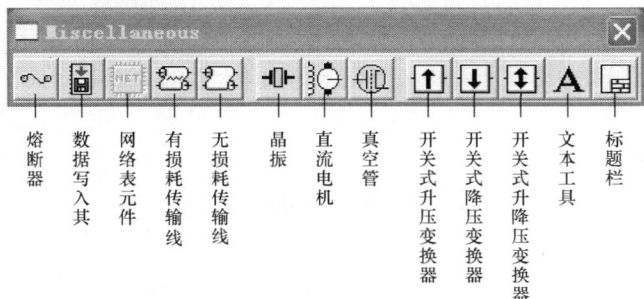

熔断器　数据表写入其　网络表元件　有损耗传输线　无损耗传输线　晶振　直流电机　真空管　开关式升压变换器　开关式降压变换器　开关式升降压变换器　文本工具　标题栏

图 3-45 其他器件库图标

数字万用表　函数信号发生器　示波器　波特图仪　字符信号发生器　逻辑分析仪　逻辑转换仪

图 3-46 仪器库图标

1. 数字万用表（Multimeter）

这是一种具有自动量程转换功能的 4 位数字万用表，可以用来测量交、直流电压、电流和电阻，也可以用来测量电路中两点之间的分贝损失。

将数字万用表从仪器栏上拖到电路工作区时，只显示数字万用表图标，如图 3-47 所示。双击数字万用表图标，弹出数字万用表的控制面板，如图 3-48 所示。

数字万用表控制面板上有 1 个数字显示屏幕和 7 个按钮，如图 3-47 所示。按钮 A（电流）、按钮 V（电压）、按钮 Ω（电阻）、按钮 dB（分贝）是功能选择按钮，分别用来测量电压、电流、电阻和电路中两点之间的分贝损失（分贝损失定义为 $dB = 20lg[(V_1 - V_2)/分贝标准]$，其中，V1 表示接到高电位端的电位，V2 表示接到低电位端的电位，计算 dB 的分贝标准预设为

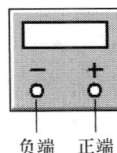

负端　正端

图 3-47 数字万用表的图标

1V，如果需要调整，可以通过单击 Setting 按钮来改变此值）；按钮～（交流）、按钮—（直流）是交流档和直流档，在测量电压和电流时进行选择；按钮 Settings（设置）是用来设置数字万用表的参数，单击 Settings 按钮，弹出数字万用表参数设置对话框，如图 3 - 49 所示。

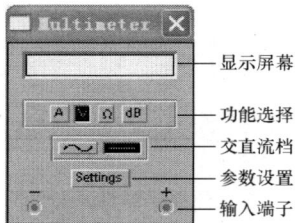

图 3 - 48　数字万用表的控制面板

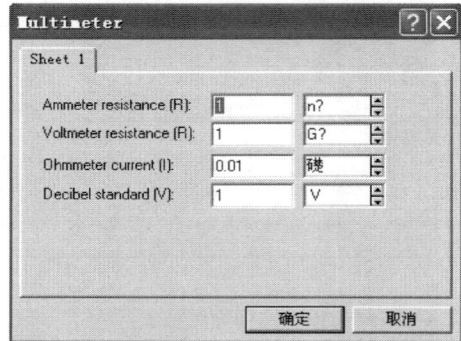

图 3 - 49　数字万用表参数设置对话框

Ammeter resistance（R）：用于设置与电流表串联时的内阻，其大小将影响电流的测量精度；

Voltmeter resistance（R）：用于设置与电压表并联时的内阻，其大小将影响电压的测量精度；

Ohmmeter current（I）：用于设置测量电阻时，流过数字万用表的电流；

Decibel standard（V）：用于设置分贝标准。分贝标准是指设置 0dB 的标准。若把 1V 电压设为 0dB 标准，当测量电压为 10V，用 dB 表示时，数字为 20lg［10/1］dB，显示为 20dB；若把 6V 电压设为 0dB 标准，当测量电压仍为 10V，用 dB 表示时，数字为 20lg［10/6］dB，显示为 4.437dB。通常习惯上把 1μV、1mV、1V 作为 0dB 标准。可见，用 dB 显示时，一定要设置 0dB 对应的电压值。

EWB 平台上的万用表具有自动量程转换功能，因此不用设定测量范围。

数字万用表量程规定如下：

电流（A）0.1μA～999kA；电压（V）0.1μV～999kV；电阻（Ω）0.001Ω～999MΩ；交流频率范围为 0.001Hz～9999MHz。

虚拟数字万用表与实际的数字万用表使用方法基本相同。

2. 函数信号发生器（Function Generator）

函数信号发生器是用来产生正弦波、三角波、方波信号的仪器。

将函数信号发生器从仪器栏上拖到电路工作区时，只显示函数信号发生器图标，如图 3 - 50所示。双击函数信号发生器图标，弹出函数信号发生器的控制面板如图 3 - 51 所示。

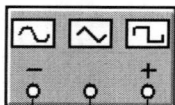

负端　公共端　正端

图 3 - 50　函数信号
发生器的图标

函数信号发生器可以方便地为电路提供信号。根据仿真的需要，可以选择需要的波形，同时对波形的参数可以进行设置。各参数设置的范围如下：

Frequency（频率）	1Hz～999MHz
Duty cycle（占空比）	1%～99%
Amplitude（幅度）	0V～999kV

Offset（偏移量）　　　　　　　　　　－999kV～999kV

函数信号发生器使用方法与实际函数信号发生器基本相同。

3. 示波器（Oscilloscope）

示波器是用来观察信号波形并测量信号幅度、频率、周期等参数的仪器。EWB 软件提供示波器是一种可用黑、红、绿、蓝、青、紫 6 种颜色显示波形的 1000MHz 的示波器。

将示波器从仪器栏拖到电路工作区时，只显示示波器图标，如图 3 - 52 所示。双击示波器的图标，弹出示波器的面板，如图 3 - 53 所示。示波器的面板有两部分组成，左侧是示波器的显示屏幕；右侧是示波器的控制面板。示波器的控制面板又分为 Time base（时间基准）部分、Trigger（触发）部分、Channel A（通道 A）部分和 Channel B（通道 B）部分四部分。单击示波器控制面板上的各种功能按钮就可以设置示波器的各项参数。

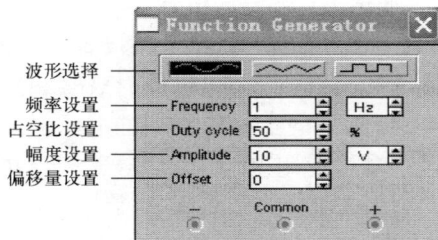

图 3 - 51　函数信号发生器的控制面板

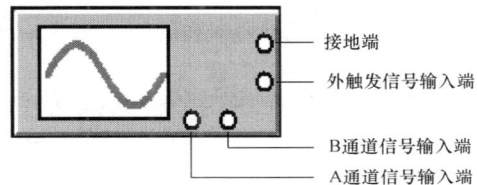

图 3 - 52　示波器的图标

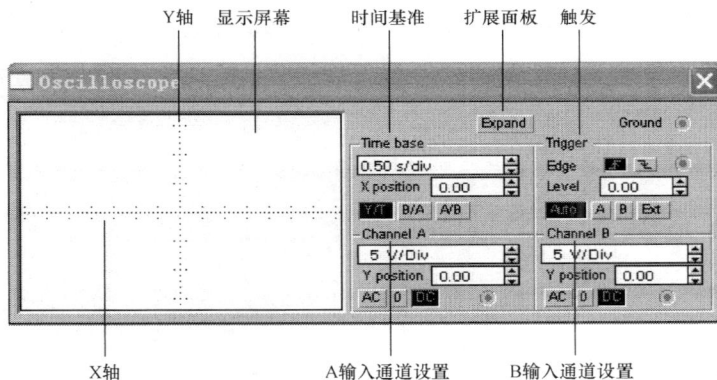

图 3 - 53　示波器的面板

（1）示波器 Time base（时间基准）的设置。

示波器控制面板上 Time base（时间基准）部分的设置如图 3 - 54 所示。Time base 用于设置示波器 X 轴刻度的数值。"××s/div"表示 X 轴上每一个刻度代表的时间。为了获得易观察的波形，时间基准的调整应与输入信号的频率成反比，即输入信号频率越高，时间基准就应越小些；反之，时间基准就应越大些。X position 用于设置信号在 X 轴上的起始位置。当该值为 0 时，信号将从屏幕的左边开始显示，正值从起点往右移动；反之，负值从起点往左移动。Y/T 工作方式用于显示以时间（T）为横坐标的波形；A/B 工作方式用于将 B 通道信

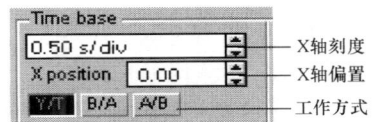

图 3 - 54　Time base（时间基准）的设置

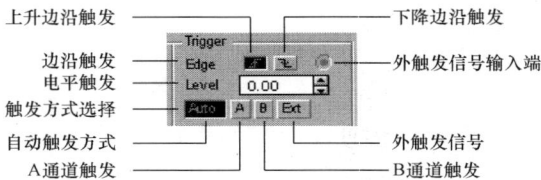

图 3-55 Trigger（触发）的设置

号作为 X 轴扫描信号，将 B 通道信号施加在 Y 轴上的波形。B/A 与上述相反。

（2）示波器 Trigger（触发）部分的设置。

示波器控制面板上 Trigger（触发）部分的设置如图 3-55 所示。Edge 表示将输入信号的上升沿或下降沿作为触发信号；Level 用于设置触发电平；Auto 表示触发信号不依赖外部信号；A 或 B 表示用 A 通道或 B 通道输入信号作为同步 X 轴时间基准线扫描的触发信号；Exit 表示用示波器图标上外触发输入信号端接入的信号作为触发信号来同步 X 轴时间基准线扫描。一般情况下，使用 Auto 触发方式。

（3）示波器 Channel A（通道 A）和 Channel B（通道 B）部分的设置。

示波器控制面板上 Channel A（通道 A）和 Channel B（通道 B）部分的设置如图 3-56 所示。示波器有两个完全相同的输入通道 Channel A 和 Channel B，可以同时观察和测量两个信号。"××V/Div"为放大、衰减量，表示屏幕的 Y 轴方向上每格相应的电压值。输入信号较小时，屏幕上显示的信号波形幅度也会较小，这时可使用"××V/Div"档，并适当设置其数值，使屏幕上显示的信号波形幅度大一些。Y Position 表示时间基准线在显示屏幕上的上下位置。当其值大于零时，时间基准线在 X 轴的上方，反之在 X 轴下方。当显示两个信号时，可分别设置 Y Position 值，使信号波形分别显示在屏幕的上半部分和下半部分，易观察测量。示波器输入通道设置中的触发耦合方式有三种：AC（交流耦合）、0（接地）和 DC（直流耦合）。AC 表示屏幕仅显示输入信号的交流分量；0 表示屏幕上显示示波器 Y 轴的原点位置，即无信号输入；DC 表示屏幕中不仅显示输入信号的交流分量，还显示输入信号中的直流分量。

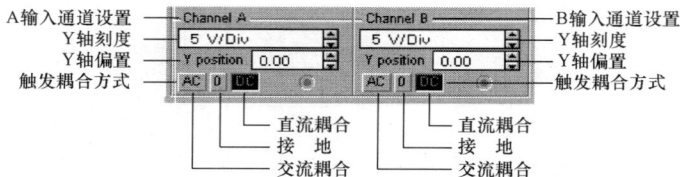

图 3-56 Channel（通道）的设置

单击示波器面板上的 Expand 按钮，面板扩大，如图 3-57 所示，可放大屏幕显示的波形。

4. 波特图仪（Bode Plotter）

波特图仪是用来测量和显示电路幅频特性与相频特性的一种仪器。幅频特性是指电路的输出电压与输入电压的增益，即 $A_V(f) = \dfrac{U_o(f)}{U_i(f)}$；相频特性是指电路的输出电压与输入电压的相位差，即 $\varphi(f) = \varphi_o(f) - \varphi_i(f)$。

将波特图仪从仪器栏拖到电路工作区时，只显示波特图仪图标，如图 3-58 所示。波特图仪有 IN（输入端）和 OUT（输出端）两对端口，其中 IN 端口的 V+端和 V—端分别接电路输入端的正端和负端；OUT 端口的 V+端和 V—端分别接电路输出端的正端和负端。

游标1　　　　　　　　　游标2

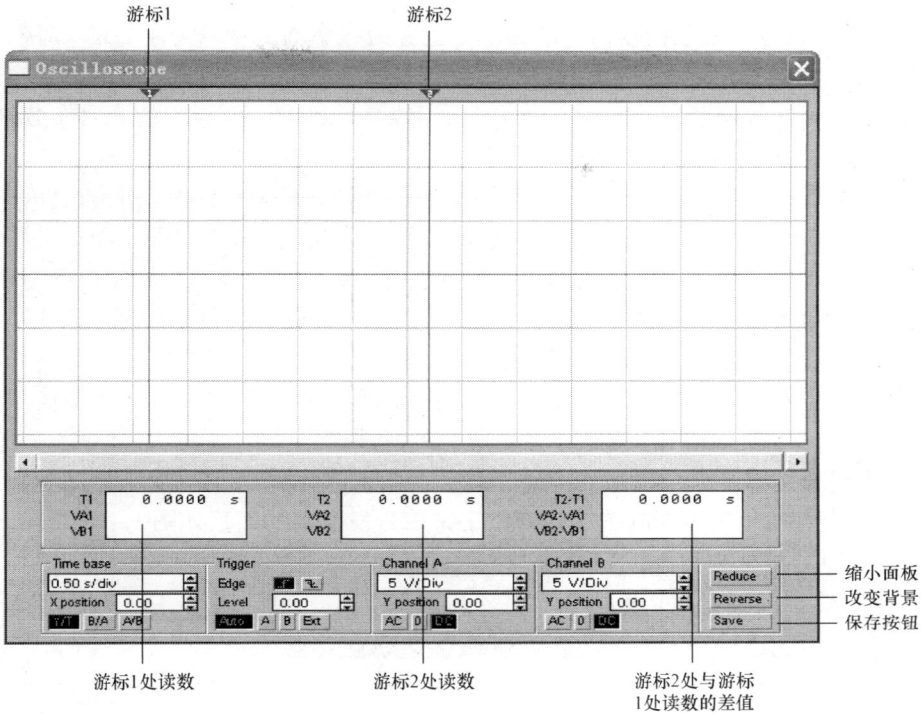

缩小面板
改变背景
保存按钮

游标1处读数　　　　游标2处读数　　　　游标2处与游标
　　　　　　　　　　　　　　　　　　　　　1处读数的差值

图 3 - 57　示波器扩展面板

双击波特图仪的图标，弹出波特图仪的面板，如图 3 - 59
所示。波特图仪面板上可设置的主要参数有幅频特性、相频特
性、纵轴设置、对数刻度设置等。

幅频特性和相频特性的设置如下：

单击 Magnitude 按钮，波特图仪将在显示屏幕上显示输出/
输入的幅频特性；单击 Phase 按钮，波特图仪将在显示屏幕上
显示输出/输入的相频特性。

输入端　　输出端

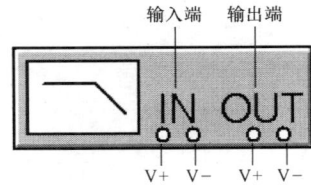

图 3 - 58　波特图仪的图标

显示屏幕　　纵轴设置　幅频特性　相频特性　对数刻度　线性刻度

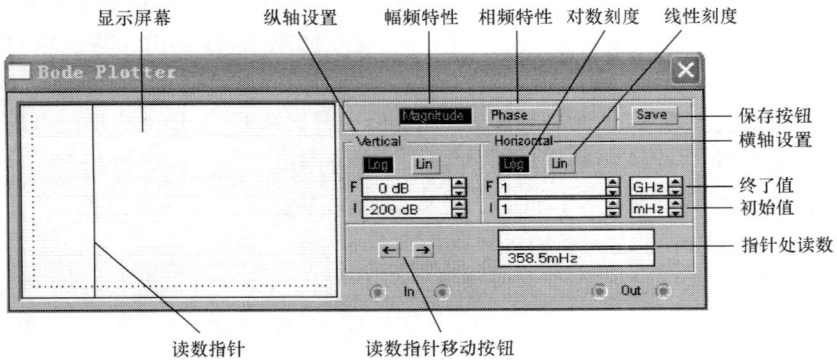

保存按钮
横轴设置
终了值
初始值
指针处读数

读数指针　　　　　读数指针移动按钮

图 3 - 59　波特图仪的面板

Horizontal（横轴）与 Vertical（纵轴）的设置如下：

Horizontal（横轴）表示测量信号的频率，也称为频率轴。可以选择 Log（对数）刻度，也可以选择 Lin（线性）刻度。一般的，当测量信号的频率范围比较宽时，采用 Log（对数）刻度；当测量信号的频率范围适中时，采用 Lin（线性）刻度。面板中的 F 和 I 分别表示终了值和初始值，是 Final 和 Initial 的缩写。

Vertical（纵轴）表示测量信号的幅值和相位。当测量幅频特性时，纵轴表示电路的输出电压与输入电压的增益，单击 Log（对数）按钮，单位是分贝（dB）；单击 Lin（线性）按钮，只是一个比值，没有单位。当测量相频特性时，纵轴表示电路的输出电压与输入电压的相位差，无论单击 Log（对数）按钮还是 Lin（线性）按钮，单位都是度。

5. 字符信号发生器（Word Generator）

字符信号发生器（Word Generator）是一个能够产生 16 路（位）同步逻辑信号的仪器，又称为数字逻辑信号源，可用于对数字逻辑电路的测试。

将字符信号发生器从仪器栏拖到电路工作区时，只显示字符信号发生器图标，如图 3-60 所示。双击字符信号发生器的图标，弹出字符信号发生器的面板如图 3-61 所示。

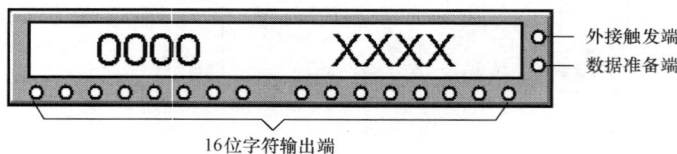

图 3-60　字符信号发生器图标

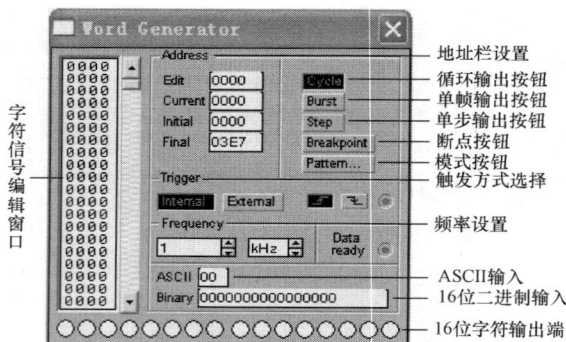

图 3-61　字符信号发生器面板

字符信号发生器的面板有两部分组成。左侧是字符发生器的 16 位字符发生器编辑窗口；右侧是字符信号发生器的控制面板，包括 Address（地址）、Trigger（触发）、Frequency（频率）、字符输入方式和字符输出控制方式。字符信号发生器的控制面板的简单说明如下。

（1）Address（地址）栏设置如下：

Edit 表示当前正在编辑的字符信号的 16 位地址，由 EWB 软件自动给出，不能设置；

Current 表示当前正在输出的字符信号的 16 位地址，根据输出的需要，可以进行设置；

Initial 表示输出字符信号的初始地址，根据输出的需要，可以进行设置；

Final 表示输出字符信号的终了地址，根据输出的需要，可以进行设置；

（2）Trigger（触发）方式选择如下：

可以设置的触发信号有 Internal（内部触发）和 External（外部触发）两种。当单击 Internal 按钮时，字符信号的输出直接受输出方式按钮 Cycle（循环）、Burst（单帧）和 Step（单步）的控制；当单击 External 按钮时，必须接入外部触发脉冲信号，而且还要选择 （上升沿触发）按钮或者 （下降沿触发）按钮，然后再单击输出方式按钮。注意只有当外部触发脉冲信号到来时才启动信号输出。

（3）字符输出控制方式如下：

Cycle（循环）表示初始地址与终了地址之间的字符信号循环输出；

Burst（单帧）表示初始地址与终了地址之间的字符信号只输出一次；

Step（单步）表示鼠标每单击一次，输出一条字符信号；

Breakpoint（断点）用于输出字符信号时设置断点；

Pattern（模式）是字符信号设置按钮，单击 Pattern（模式）按钮，调出 Presaved patterns（预存储模式）对话框，如图 3-62 所示。对话框中的前三个选项按钮是用于对字符信号编辑窗口的字符信号进行相应的操作；对话框中的后四个选项按钮是用于在字符信号编辑窗口生成按一定规律排列的字符信号。

（4）Frequency（频率）的设置如下：

Frequency（频率）只是用于设置输出字符信号的频率，频率单位设置为 Hz、kHz 或 MHz，根据需要而定。

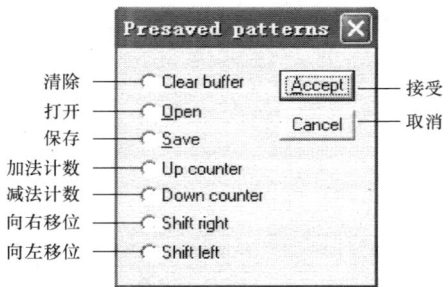

图 3-62　Presaved patterns 对话框

6. 逻辑分析仪（Logic Analyzer）

将逻辑分析仪从仪器栏上拖到电路工作区时，只显示逻辑分析仪的图标，如图 3-63 所示。双击逻辑分析仪的图标，弹出逻辑分析仪的面板，如图 3-64 所示。单击 Clock（时钟）框的 Set 按钮，将会弹出 Clock setup（时钟设置）对话框，如图 3-65 所示。单击 Trigger（触发）框的 Set 按钮，将会弹出 Trigger patterns（触发模式设置）对话框，如图 3-66 所示。

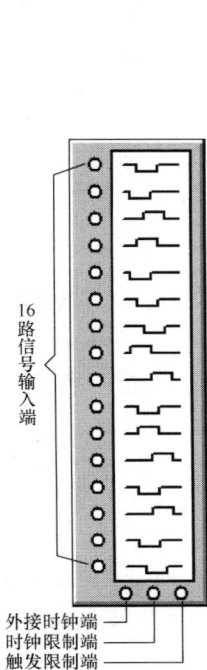

图 3-63　逻辑分析仪的图标

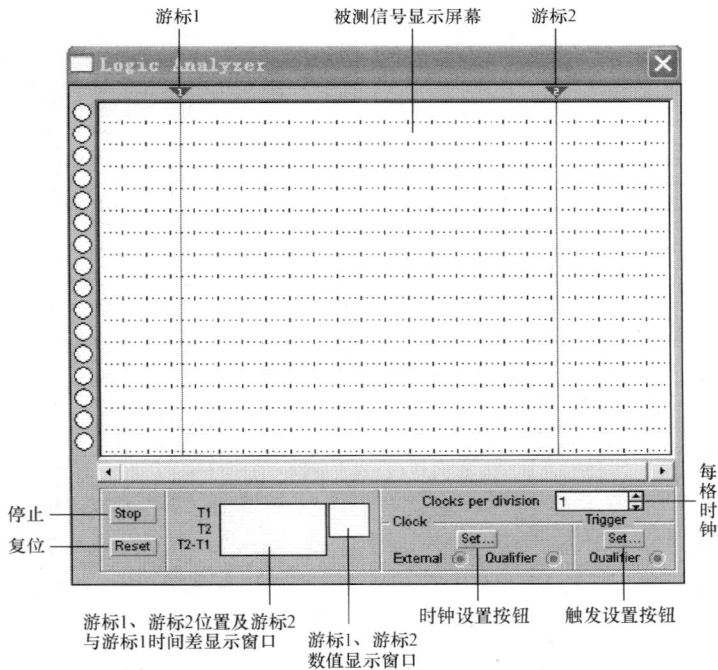

图 3-64　逻辑分析仪的面板

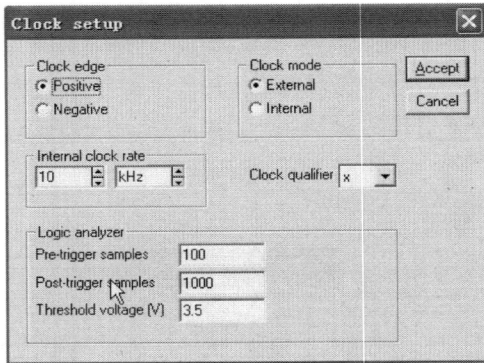

图 3-65 Clock setup 对话框

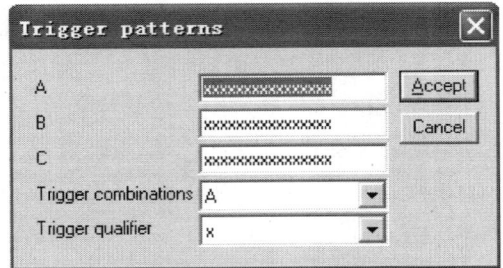

图 3-66 Trigger patterns 对话框

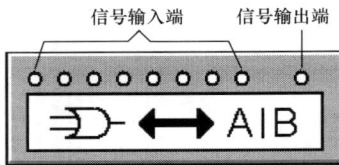

图 3-67 逻辑转换仪的图标

7. 逻辑转换仪（Logic Converter）

逻辑转换仪是一种实际中不存在的虚拟仪器，其功能是可以在逻辑图、真值表、逻辑表达式之间进行转换。将逻辑转换仪从仪器栏拖到电路工作区时，只显示逻辑转换仪图标，如图 3-67 所示。双击逻辑转换仪的图标，将弹出逻辑转换仪的面板如图 3-68 所示。

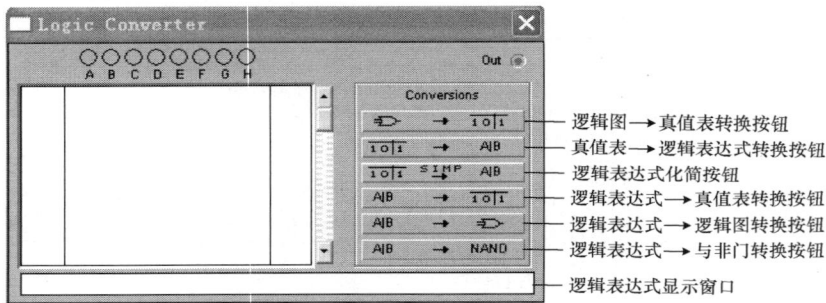

图 3-68 逻辑转换仪的面板

逻辑转换仪的简单使用如下。

（1）逻辑转换仪的调节。沿着放大显示后的逻辑转换仪右边排列着一组按钮 Conversions，用来控制所要完成的逻辑转换类型。

（2）将逻辑图转换为真值表。逻辑转换仪能将 8 个输入 1 个输出的逻辑图的真值表产生出来的，具体步骤如下：

1）把要转换的逻辑图的输入端、输出端分别接到逻辑转换仪图标的输入端与输出端；

2）单击逻辑图→真值表转换按钮 ，则逻辑图的真值表将显示在逻辑转换仪的左边。然后，可把它转换成其他形式。

（3）真值表转换为逻辑表达式。单击真值表→逻辑表达式转换按钮 ，将把显示在左边的真值表对应逻辑表达式显示在底部。然后，可以对其进一步化简。

（4）逻辑表达式化简。单击逻辑表达式化简按钮 ，将把显示在左边的真值表对应的最简逻辑表达式显示在逻辑表达式显示窗口。

（5）逻辑表达式转换为真值表：

1）在逻辑转换仪的逻辑表达式显示窗口输入一个逻辑表达式；

2）单击逻辑表达式→真值表转换按钮 AIB → 1011 ；

3）要化简逻辑表达式，先把该逻辑表达式转换为真值表，再点击逻辑表达式化简按钮 1011 SIMP AIB 。

（6）逻辑表达式转换为逻辑图：

1）在逻辑转换仪的逻辑表达式显示窗口输入一个逻辑表达式，并将其进一步化简；

2）单击逻辑表达式→逻辑图转换按钮 AIB → ，则相应逻辑图将显示在工作区中。

（7）与非门逻辑图：

1）在逻辑转换仪的逻辑表达式显示窗口输入一个逻辑表达式，并将其进一步化简；

2）单击从逻辑表达式→与非门逻辑图转换按钮 AIB → NAND ，则相应的由与非门组成的逻辑图将显示在工作区中。

总之，在 EWB 平台上使用虚拟仪器的方法是：将仪器的图标拖到平台的工作区；把仪器的接线端与相应的电路连接起来；双击图标调出仪器面板，设置有关参数；打开仿真开关即可。

电路工作区是进行仿真实验使用的最基本的窗口，可以放置元件、仪器，连接电路以及对电路进行及时的修改。此外，在 EWB 的工作界面中还有启动/停止开关、暂停/恢复按钮、状态栏等，在此不再详述。

实验三　EWB 的主要分析功能

虚拟电子工作台（Electronics Workbench）可以对模拟、数字和混合电路进行电路的性能仿真和分析。其分析方法和元器件库的模型均都是以 SPICE 程序为基础，当使用者创建一个电路图，并按下电源开关后，就可以从示波器等测试仪器上得到电路的被测数据或波形。实际上，这个过程是 EWB 软件通过计算电路的数学表达式而求得的数值解，然后根据该数值绘制波形。电路中的每个元器件，都有其设定的数学模型，因此，这些元器件模型的精度，就决定了电路仿真结果的精度。采用虚拟电子工作台（EWB）仿真实验，即通过计算机软件对电子电路进行模拟运行，其整个运行过程可分为四个步骤。

（1）数据输入：输入用户创建的电路图结构、元器件数据，选择分析方法。

（2）参数设置：程序检查输入数据的结构和性质以及电路中的描述内容，对参数进行设置。

（3）电路分析：对输入信号进行分析，它将占据 CPU 工作的大部分时间，是电路进行仿真和分析的关键。它将形成电路的数值解，并将所得数据送至输出级。

（4）数据输出：从测试仪器如示波器等上获得仿真结果，也可以从 Analysis/Display Graph（分析栏中的分析显示图）中看到测量、分析的波形图。

EWB 有十几种分析功能，下面介绍几种常用的分析操作过程。

一、直流工作点分析（DC Operating Point Analysis）

直流工作点分析也称为静态工作点分析，电路的直流分析是在电路中的电容开路、电感短路的情况下计算电路的直流工作点，即在恒定激励条件下求电路的稳态值。在电路工作时，无论是大信号还是小信号，都必须给半导体器件以正确的偏置，分析电路中的电压和电流。了解电路的直流工作点，才能进一步分析电路在交流信号作用下电路能否正常工作，求解电路的直流工作点在电路分析过程中至关重要。

直流工作点分析主要是对创建电路的直流通路进行分析。分析步骤如下。

（1）在电子工作台主窗口的电路工作区创建仿真电路，如图 3 - 69 所示。

（2）单击菜单栏中的 Circuit/Schematic Option/Show/Hide 菜单命令，选择 Show Nodes 复选框，则电路的结点标志（ID）显示在电路图上。

（3）单击菜单栏中的 Analysis/DC Operating Point 菜单命令，电子工作台会自动把电路中所有结点电压数值显示在 Analysis/Display Graph 中，如图 3 - 70 所示。

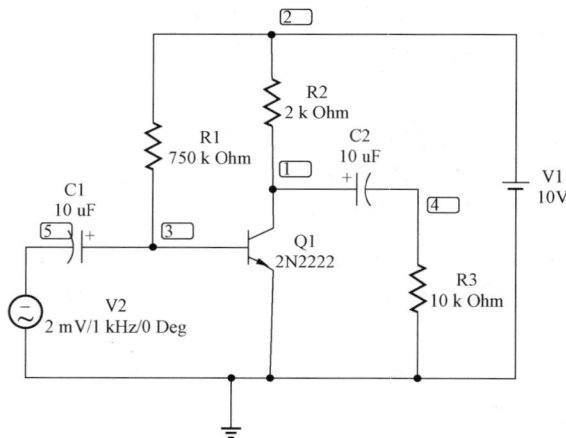

图 3 - 69　直流工作点分析仿真电路　　　　　　图 3 - 70　直流工作点分析仿真结果

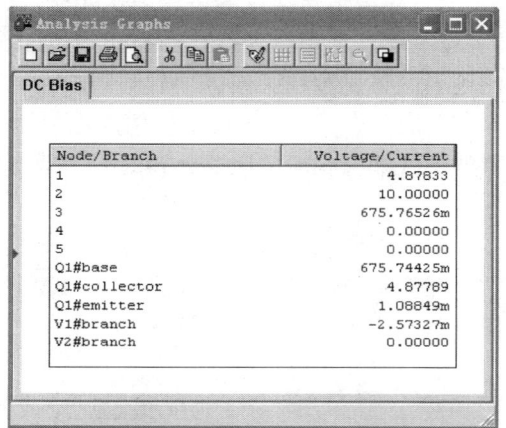

二、交流频率分析（AC Frequency Analysis）

交流频率分析是在正弦小信号工作条件下的一种频域分析，它计算电路的幅频特性和相频特性，是一种线性分析方法。EWB 在进行交流频率分析时，首先分析电路的直流工作点，并在直流工作点处对各个非线性元件作线性化处理，得到线性化的交流小信号等效电路计算电路输出交流信号的变化。在进行交流频率分析时，电路中的直流电源将自动置零，交流信号源、电容、电感等元器件均设置为交流模式；同时，电路工作区中自行设置的输入信号将被忽略，也就是说，无论给电路的信号源设置的是三角波信号还是方波信号，进行交流频率分析时，EWB 都将自动设置为正弦波信号，分析电路随正弦波信号频率变化的频率响应曲线。

交流频率分析的步骤如下：

（1）在电子工作台主窗口上的电子工作区创建需进行分析的电路，如图 3 - 69 所示。

（2）单击菜单栏中的 Analysis/Ac Frequency 菜单命令，弹出 AC Frequency Analysis 对话框，如图 3 - 71 所示。

（3）在 Ac Frequency Analysis 对话框中，设置需要分析的结点、起始频率（FSTART）、终止频率（FSTOP）、扫描类型（Sweep type）、显示点数（Number Points）和纵向尺度（Vertical Scale）等参数。

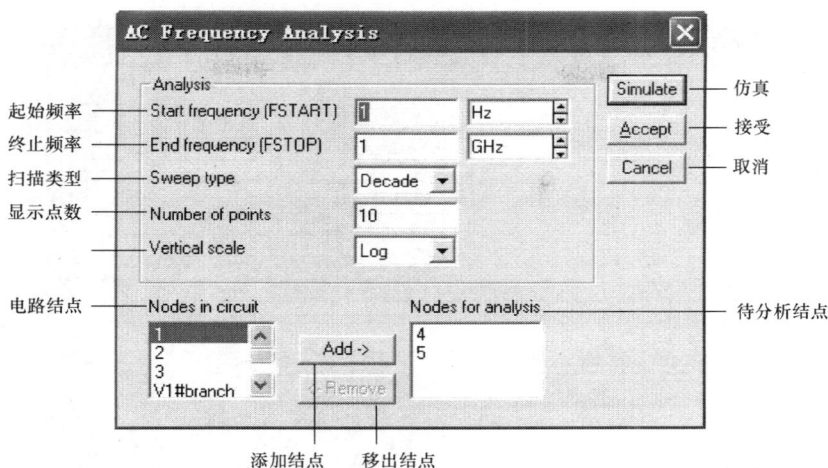

图 3-71 Ac Frequency Analysis 对话框

（4）单击 Simulate（仿真）按钮，即可在 Display Graph 中显示待分析结点幅频特性和相频特性曲线，如图 3-72 所示。

（5）单击 Cannel（取消）按钮，停止仿真实验。

从交流频率分析的结果可以看出，仿真结果显示为幅频特性和相频特性两条曲线。如果用波特图仪连至电路中，同样也可以获得交流频率特性，如图 3-73 所示。

三、暂态分析（Transient Analysis）

暂态分析是一种非线性时域分析方法，是在给定输入激励信号时，分析电路输出端的暂态响应。在进行暂态分析时，首先计算电路的初始状态，然后从初始时刻起，到某个给定的时间范围内，选择合理的时间步长，计算输出端在每个时间点的输出电压。

暂态分析的步骤如下：

（1）在电子工作台主窗口上的电子工作区创建需进行分析的电路，如图 3-69 所示。

（2）单击菜单栏中的 Analysis/Transient 菜单命令，弹出 Transient Analysis 对话框，如图 3-74 所示。

（3）根据对话框要求设置参数。

（4）按 Simulate 键，即可在 Display Graph 中显示待分析结点暂态响应波形，如图 3-75 所示。

（5）单击 Cannel（取消）按钮，停止仿真实验。

瞬态分析的结果与用示波器观察的结果是一样的。但采用暂态分析方法，可以通过设置，更仔细地观察到

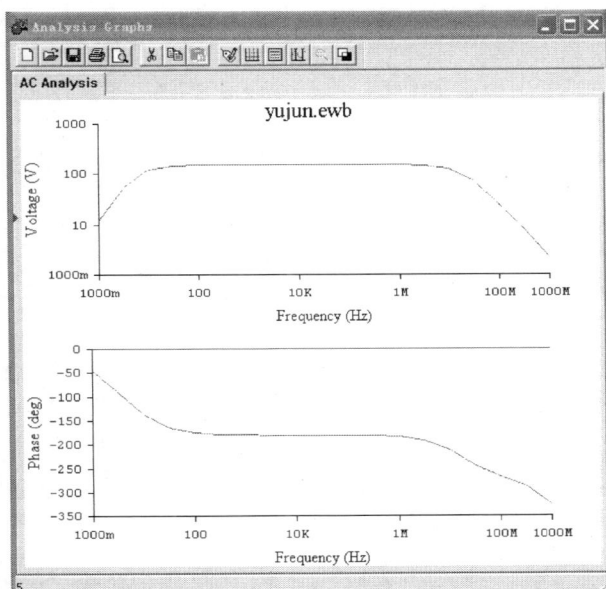

图 3-72 幅频特性和频率特性曲线

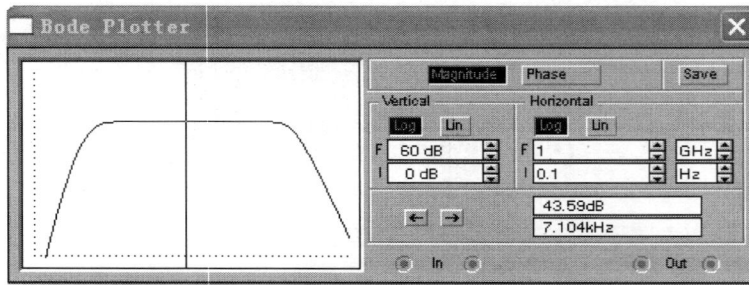

(a)

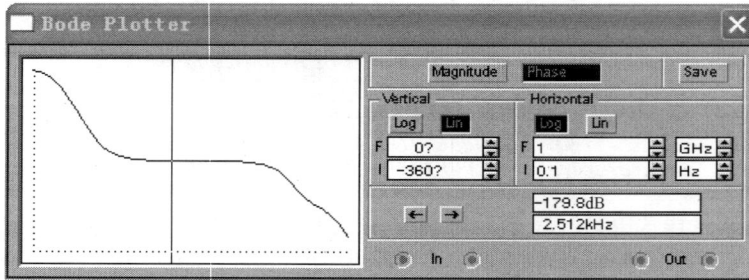

(b)

图 3 - 73　波特图仪测试结果

(a) 幅频特性曲线；(b) 相频特性曲线

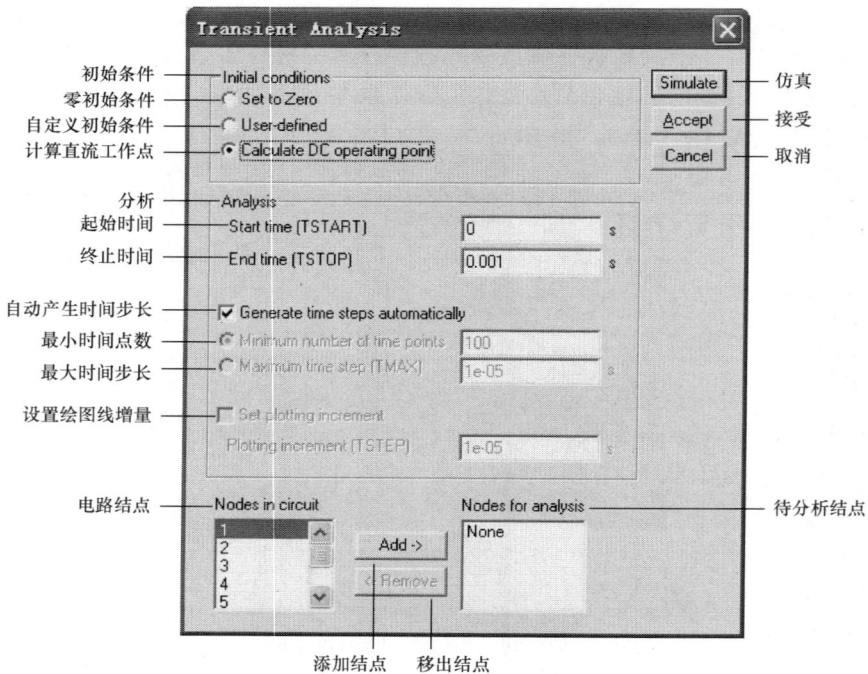

图 3 - 74　Transient Analysis 对话框

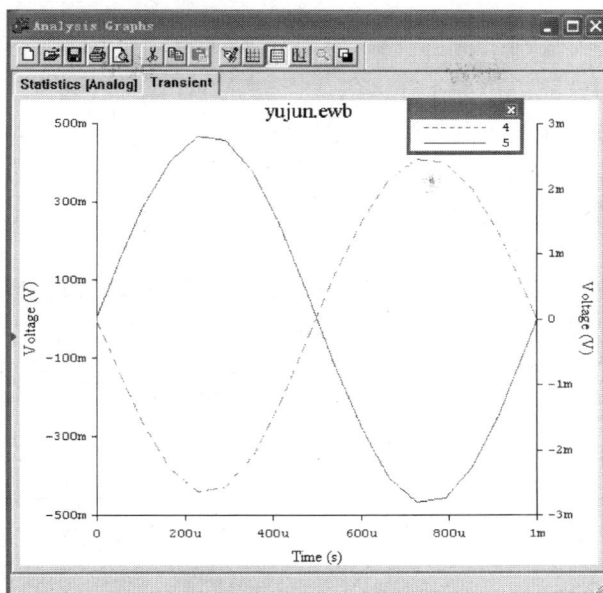

图 3 - 75　暂态响应波形

波形起始部分的变化情况。

四、傅里叶分析（Fourier Analysis）

傅里叶分析可以用来评估时间连续信号的直流、基波和各次谐波分量。傅里叶分析是在给定的频率范围内，对电路的暂态响应进行的分析，计算出该暂态响应的直流分量、基波分量以及各次谐波分量的幅值及相位。

五、蒙特卡罗分析（Monte Carlo Analysis）

在给定的容差范围内，计算当元件参数随机地变化时，对电路的 DC、AC 与暂态响应的影响。可以对元件参数容差的随机分布函数进行选择，使分析结果更符合实际情况。通过该分析可以预见由于制造过程中元件的误差，而导致所设计的电路不合格的概率。

实 验 四　EWB 的 具 体 操 作

一、电路的创建

电路是由元器件与导线组成的，要创建一个电路，必须掌握元器件的操作和导线的连接方法。

（一）元器件的操作

1. 元器件的选用

选用元器件时，首先在元器件库栏中单击包含该元器件的图标，打开该元器件库，然后从元器件库中将该元器件拖到电路工作区。

2. 选中元器件

在连接电路时，常常要对元器件进行必要的操作，包括移动、旋转、删除、设置参数等，这就需要选中该元器件。要选中某个元器件，可使用鼠标器左键单击该元器件。如果要一次选中多个元器件，可反复使用 CTRL＋"鼠标左键单击"选中这些元件。被选中的这些元器件以红色显示，便于识别。此外，拖动某个元器件也同时选中了该元器件。如果要同时选中一组相邻的元器件，可在电路工作区的适当位置按住鼠标左键，移到鼠标，画出一个矩形区域，包围在该矩形区域内的元器件同时被选中。

要取消某一个元器件的选中状态，可以使用 CTRL＋"鼠标左键单击"。要取消所有被选中元器件的选中状态，只需单击电路工作区的空白部分即可。

3. 元器件的移动

要移动一个元器件，先选中该元器件，然后拖动该元器件即可。要移动一组元器件，先选中这些元器件，然后用鼠标左键拖曳其中任意一个元器件，所有选中的部分就会一起移动。元器件一起移动后，与其相连的导线就会自动重新排列。选中元器件后，也可以使用方向键使之做微小的移动。

4. 元器件的旋转与翻转

为了使电路便于连接，布局合理，常常需要对元器件进行旋转或翻转操作。可先选中该元器件，然后使用工具栏的"旋转、垂直翻转、水平翻转"等按钮，或者选择 Circuit/Rotate（电路/旋转）、Circuit/Filp Vertical（电路/垂直翻转）、Circuit/Filp Horizontal（电路/水平翻转）等菜单栏中的命令。

5. 元器件的剪切、复制、粘贴、删除

对选中的元器件，使用 Edit/Cut（编辑/剪切）、Edit/Copy（编辑/复制）和 Edit/Paste（编辑/粘贴）、Edit/Delete（编辑/删除）等菜单命令，可以分别实现元器件的复制、删除等操作。另外，也可以使用工具栏上的按钮进行元器件的剪切、复制、粘贴、删除等操作。

6. 元器件标识、编号、数值、模型参数的设置

在选中元器件后，再按下工具栏中的器件属性按钮，或者选择菜单命令 Circuit/Component Property（电路/元器件属性），或者双击该元器件，就会弹出该元器件的属性对话框，可对该元器件进行参数设置。元器件属性对话框具有多种选项可供选择，包括 Label（标识）、Value（数值）、Fault（故障设置）、Display（显示）、Analysis Setup（分析设置）、Model（模型）等内容。

7. 电路图选项的设置

在电路工作区单击鼠标右键，调出下拉菜单，选择 Schematic Option 菜单命令，弹出电路图选项对话框，或者选择 Circuit/Schematic Option（电路/电路图选项）菜单命令，也可弹出电路图选项对话框，用于设置与电路图显示方式有关的一些选项。

（二）导线的操作

1. 导线的连接

首先将鼠标指向元器件的端点使其出现一个小黑圆点，按住鼠标左键并拖出一根导线，向另一个元器件的端点进行连接，当出现小黑圆点时，释放鼠标左键，则导线连接完成。

2. 导线的删除与改动

将鼠标指向元器件与导线的连接点使其出现一个小黑圆点，按下鼠标左键拖动导线，使导线离开元器件端，释放鼠标左键，导线自动消失，完成导线删除。也可以将拖动移开的导线连至另一接点，实现导线的改动。实现导线删除的另一种方法是先选中要删除的导线，再单击鼠标右键弹出下拉菜单命令，选择 Delete 命令，也可以删除导线。

3. 导线颜色的设置

在复杂电路中，可以将导线设置成不同颜色，有助于对电路图的识别。要改变导线颜色，双击该导线弹出 Wire Properties 对话框，选择 Schematic Option 选项卡，然后选择合适的颜色，如图 3-76（a）所示，再单击确定按钮，即可完成导线颜色的设置。实现导线颜色设置的另一种方法是先选中要设置颜色的导线，再单击鼠标右键弹出下拉菜单命令，选择 Wire Properties 命令，弹出 Wire Properties 对话框，如图 3-76（a）所示。在 Wire Properties 对话框中的 Node 选项卡，如图 3-76（b）所示，用于设置电路中某个结点相连接导线的颜色。

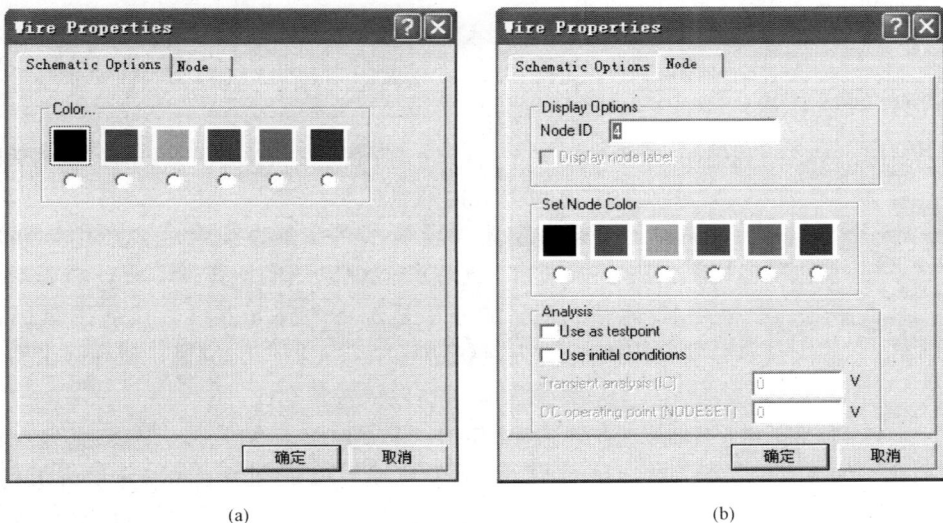

(a)   (b)

图 3-76　Wire Properties 对话框

4. 电路中插入元器件

将元器件直接拖到要放置的导线上，然后释放该元器件，即可插入电路中。例如，在电路中插入电容，如图 3-77 所示。

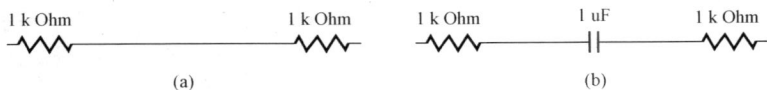

(a)   (b)

图 3-77　电路中插入元器件
（a）原图；（b）插入电容

5. 电路中删除元器件

电路中删除元器件的方法有：

（1）选中元器件，按下 Delete 键盘；

（2）选中元器件，单击鼠标右键，弹出下拉菜单，选择 Delete 命令；

（3）选中元器件，使用菜单栏中的 Edit/Delete 命令。

6. "连接点"的使用

"连接点"是一个小黑圆点，存放在无源元器件库中，一个"连接点"最多可以连接来自四个方向的导线，可以直接将"连接点"插入连线中，如图 3-78 所示。

双击选定"连接点"，弹出 Connector Properties （结点属性）对话框，如图 3-79 所示，选择 Label （标识）选项卡，可以给"连接点"赋予标识，如图 3-78 所示电路中的"A"点。

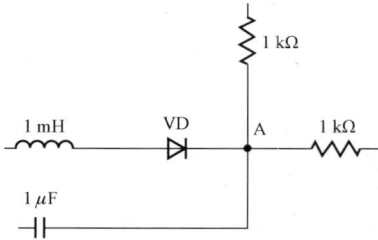

图 3-78 "连接点"的操作

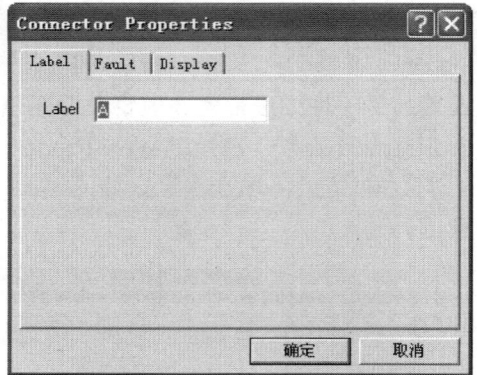

图 3-79 Connector Properties 对话框

7. 弯曲导线的调整

元器件位置与导线不在一条直线上就会产生导线弯曲如图 3-80 所示。为了绘制电路图的整齐、美观，需要对导线进行调整。调整的方法是选中电路元器件，然后用鼠标拖动或利用四个方向键键进行微调元器件的位置，使导线变直。

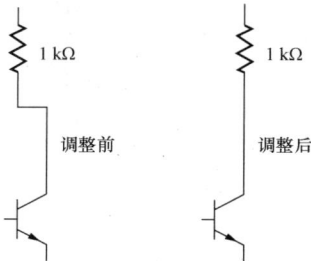

8. 结点及标识、编号与颜色

在连接电路时，EWB5.12 自动为每一个结点分配一个编号。是否显示结点编号，可通过 Circuit/Schematic Option （电路/电路图选项）命令的 Show/Hide 对话框进行设置。显示电路结点编号的情况，如图 3-81 所示。双击电路结点，弹出 Connector Properties 对话框，如图 3-82 所示，用于设置结点的标识以及与结点相连的导线颜色。

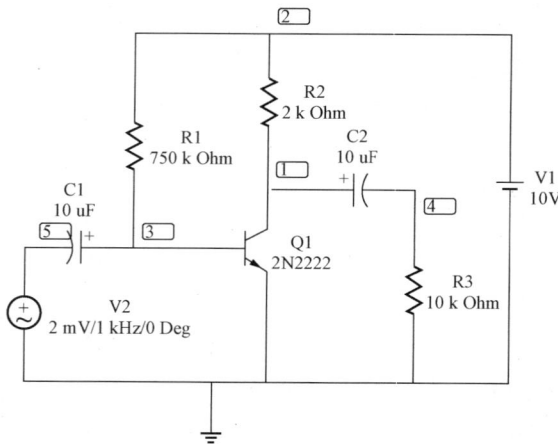

图 3-80 弯曲导线的调整

图 3-81 结点编号的显示

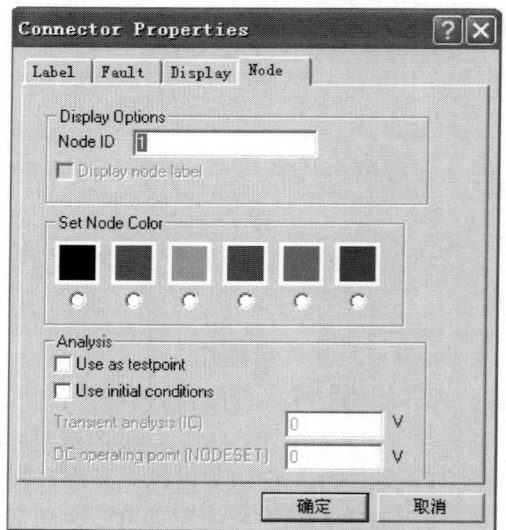

图 3-82 Connector Properties 对话框

二、仪器的操作

EWB 的仪器库存放有七台具有虚拟面板的仪器，分别是数字万用表、函数信号发生器、示波器、波特图仪、字符信号发生器、逻辑分析仪和逻辑转换仪，这些仪器每种只有一台。在连接电路时，仪器以图标方式存在。需要观察测试数据与波形或者需要设置仪器参数时，可以双击仪器图标打开仪器面板。

这些虚拟仪器用起来和真的仪器类似，可以完成对电路的电压、电流、电阻及波形等物理量的测量，使用灵活方便，不用维护。虚拟仪器还有许多实际仪器所不具备的功能。双击仪器图标，打开仪器图标面板就可以进行设置仪器参数。

此外，EWB 在指示器件库中提供了电压表和电流表，对于电压表和电流表的数量是没有限制的，可供多次使用。通过旋转操作可以改变其引出线方向，如图 3-83 所示。在电压表和电流表的图标中，带粗黑线的一端为电压表或电流表的负极。

电压表是一种自动转换量程、交直流两用的三位数字表，其电压测量范围为 $0.1\mu V \sim 999kV$，交流频率工作范围为 $0.001Hz \sim 999MHz$。在转换直流与交流测量方式时，可双击电压表图标，弹出 Voltmeter Properties 对话框，如图 3-84 所示，然后单击测量模式（Mode）下拉框按钮，选择直流（DC）模式或交流（AC）模式。当设置为交流（AC）模式时，电压表显示交流电压有效值。电压表内阻默认值设为 $1M\Omega$，这样大的内阻一般对被测电路的影响很小。当然也可将内阻设得更大，不过在进行低阻值电路仿真时可能会出错。

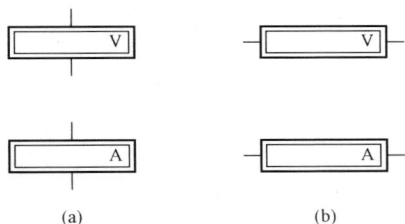

图 3-83　指示器件库中的电压表和电流表
（a）表线纵向引出；（b）表线横向引出

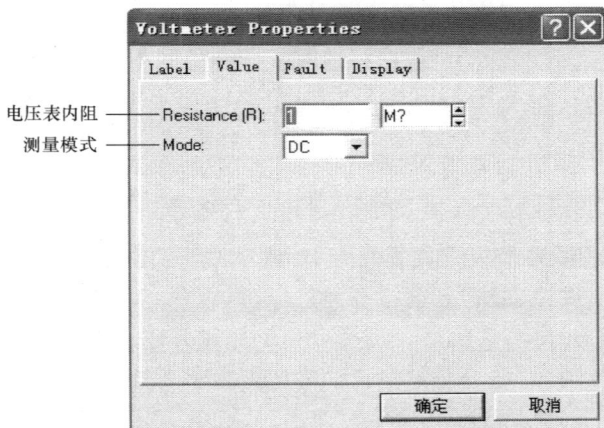

图 3-84　Voltmeter Properties 对话框

电流表也是一种自动转换量程、交直流两用的三位数字表。测量范围为 $0.01\mu A \sim 999kA$，交流频率范围为 $0.001Hz \sim 9999MHz$。双击电流表的图标，弹出 Ammeter Properies 对话框，如图 3-85 所示。根据 Ammeter Properies 对话框可对电流表进行工作模式的设置。

三、电子电路的仿真操作过程

电子电路的仿真通常可按下列步骤进行：

1. 电路图的创建

（1）元器件的选用：单击元器件所在的工具栏，将所需的电路元器件拖入到电路工作区；

（2）元器件的旋转：由于连线的需要，元器件的方向需要进行旋转，使绘制出的电路图整齐、美观；

（3）元器件间的连线。

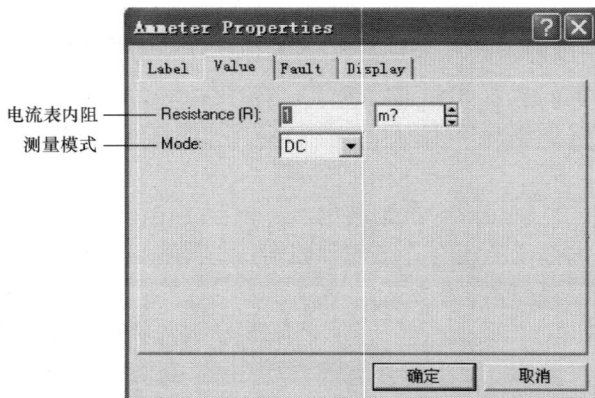

图 3-85　Ammeter Properies 对话框

2. 元器件的名称标识

电路中的每一元件与连接点皆可进行 Lable（标识），若要将某个连接点标识为 A，其方法如下：

（1）双击连接点，弹出 Connetor Properties 对话框；

（2）单击 Lable 选项卡，在 Lable 文本框中键入 A，并单击确定按钮；

（3）若要显示此标识或其他已完成的标识，可单击 Circuit/Schematic Options 菜单命令，弹出 Schematic Options 对话框，选择 Show/Hide 选项卡，并选中 Show labels 复选框。

3. 元器件参数的设置

在 EWB5.12 中每一元器件都有其预设置的参数，此参数可以按照实际需要改变。例如，电容容值的设置，其过程如下：

（1）双击电容符号，弹出 Capacitor Properties 对话框；

（2）选择 Value 选项卡，将对话框中的数值部分改为 100；

（3）单击确定按钮。

4. 连接仪器仪表

在元器件工具栏中打开指示器件库和仪器库，从中选择测试电路所需要的仪器仪表。

5. 电路文件的保存与打开

电路创建完成后，要将其进行保存，以备调用。方法是选择菜单栏中 File/Save 菜单命令，弹出对话框后，选择合适的路径并输入电路文件名，再单击"确定"按钮，即完成电路文件的保存。EWB 会自动为电路文件添加后缀".ewb"。若需打开电路文件，可选择菜单栏中的 File/Open 命令，弹出对话框后，选择所需电路文件，按"打开"按钮，即可将选择的电路调入电路工作区。保存与打开也可以使用工具栏中的有关按钮。

6. 电路的仿真实验

仿真实验开始前可双击有关仪器仪表的图标打开其面板，准备观察其波形或数据。按下电路启动/停止开关，仿真实验开始。若再次按下启动/停止开关，仿真实验结束。如果使实验过程暂停，可单击左上角的 Pause（暂停）按钮，也可以按 F9 键。再次单击 Pause 按钮或按 F9 键，实验恢复运行。

7. 实验结果的输出

输出实验结果的方法有许多种，可以存储电路文件，也可以用 Windows 的剪贴板输出电路图或仪器面板显示的波形，还可以打印输出。

保存电路文件的方法前面已经介绍过，使用剪贴板也很方便。可以选择 Edit/Copy as Bitmap 命令，此时鼠标指针成为十字形，将该十字指针移动到电路工作区，按下鼠标左键，然后拖曳成一个矩形，再释放鼠标按键。这时包围在该矩形区域内的图形即被输出至剪贴板。若要打开剪贴板观察剪贴的图形，可选择 Edit/Show Clipboard（编辑/显示剪贴板）命令。当然也可以使用 Windows 本身提供的操作方法切换至剪贴板。传送至剪贴板的内容可以再使用 Windows 本身提供的"粘贴（Paste）"方法传送至其他文字或图形编辑程序。这种方法可用于实验报告的编写。

8. 电路的描述

选择 Windows/Description 命令打开电路描述窗口，根据需要可在该窗口中输入有关实验电路的描述内容。电路描述窗口的内容将随电路文件一起存储，以便以后查阅。

第四章　EWB 仿真实验

实验一　电位与电压的测量

一、实验目的

（1）掌握电路中电位的相对性、电压的绝对性；

（2）掌握电路中电位测量的方法；

（3）掌握 EWB 中基本元器件库中电阻的使用方法；

（4）掌握 EWB 中电源库中直流电压源、直流电流源以及接地点的使用方法；

（5）掌握 EWB 中电压表的使用方法。

二、实验原理

在一个闭合电路中，各点电位的高低视所选的电位参考点的不同而变化，但任意两点间的电位差（即电压）则是绝对的，它不因参考点选取的变动而改变。

电位图是一种平面坐标一、四两象限内的折线图。其纵坐标为电位值，横坐标为各被测点。要制作某一电路的电位图，先以一定的顺序对电路中各被测点编号。以图 4-1 的电路为例，在坐标横轴上按顺序标上 A、B、C、D、E、F、A。再根据测得的各点电位值，在各点所在的垂直线上描点。用直线依次连接相邻两个电位点，即得该电路的电位图。

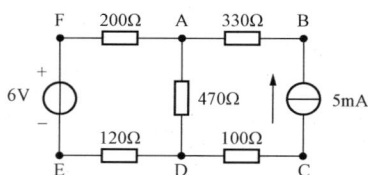

在电位图中，任意两个被测点的纵坐标值之差即为该两点之间的电压值。

在电路中电位参考点可任意选定。对于不同的参考点，所绘出的电位图形是不同的，但其各点电位变化的规律却是一样的。

图 4-1　电压、电位的测量电路

三、实验设备

实验设备见表 4-1。

表 4-1　　　　　　　　　　　　实　验　设　备

序　号	名　　称	型号与规格	数　量
1	直流电压源	6V	1个
	直流电流源	5mA	1个
2	直流数字电压表		1个
3	电阻	100Ω	1个
4	电阻	120Ω	1个
5	电阻	200Ω	1个
6	电阻	330Ω	1个
7	电阻	470Ω	1个

四、实验内容

1. 启动 EWB 仿真软件

启动 EWB 仿真软件，其工作界面如图 4 - 2 所示。

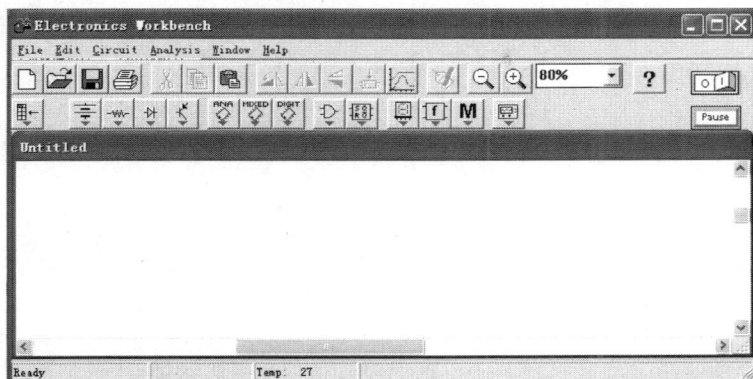

图 4 - 2　EWB 仿真软件工作界面

2. 在电路工作区创建仿真电路

（1）在电路工作区放置电阻元件。首先从基本元器件库（Basic）中选取电阻，将电阻拖到电路工作区，默认值为 1kΩ；其次，双击电阻元件符号，打开电阻元件的属性（Resistor Properties）对话框，选中"Value"选项卡，设定电阻阻值，如图 4 - 3 所示。

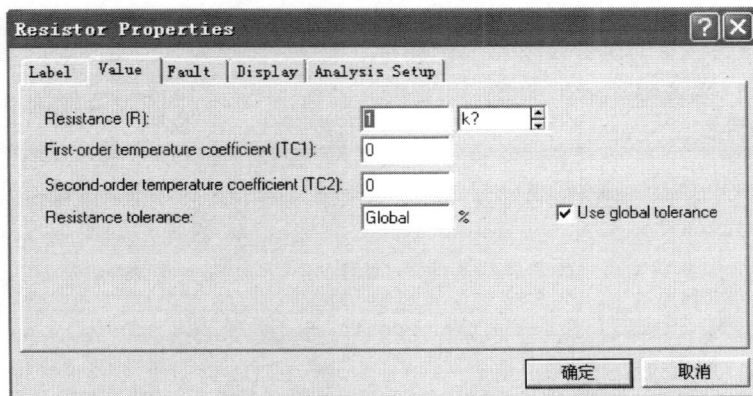

图 4 - 3　Resistor Properties 对话框

（2）在电路工作区放置电压源元件。首先从电源库（Source）中选取电压源，将电压源拖到电路工作区，电压源电压默认值为 12V；其次，双击电压源符号，打开电压源属性（Battery Properties）对话框，选中"Value"选项卡，设定电压源的电压值，如图 4 - 4 所示。

（3）在电路工作区放置电流源元件。首先从电源库（Source）中选取电流源，将电流源拖到电路工作区，电流源电流值默认值为 1A；其次，双击电流源符号，打开电流源属性（DC Current Source Properties）对话框，选中"Value"选项卡，设定电流源电流值，如图 4 - 5 所示。

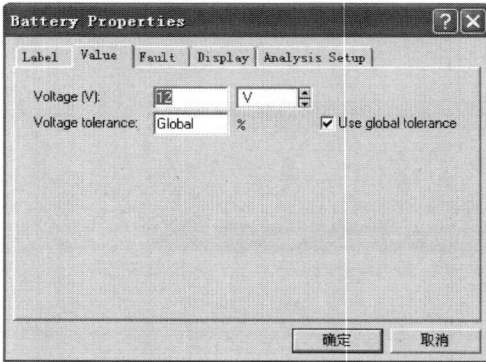

图 4 - 4 Battery Properties 对话框

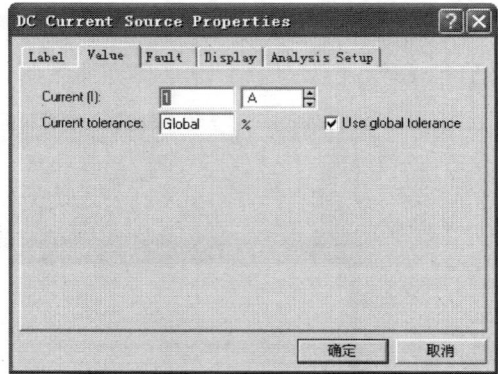

图 4 - 5 DC Current Source Properties 对话框

3. 布局、连线

对电路工作区的电阻元件、电压源、电流源进行布局，再进行连线，如图 4 - 6 所示。

4. 实验数据的测量

（1）电压表的使用。首先从指示器件库（Indicators）中选取电压表，将电压表拖到电路工作区；其次，双击电压表图标号，打开电压表属性（Voltmeter Properties）对话框，选中"Value"选项卡，电压表的内阻［Resistance（R）］默认值为 1MΩ；工作模式（Mode）默认为 DC，此时电压表为直流电压表，若工作模式（Mode）选择 AC 则为交流电压表，如图 4 - 7 所示。需要注意的是：在电压表的图标中，带粗黑线的一端为电压表的负极，连接时注意电压表的极性。

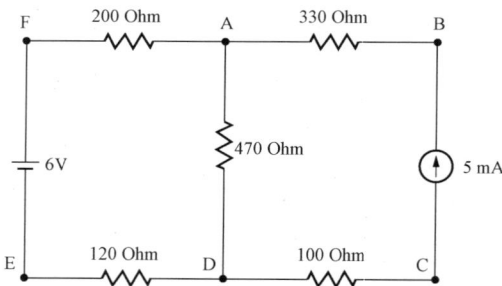

图 4 - 6 EWB 仿真实验电路

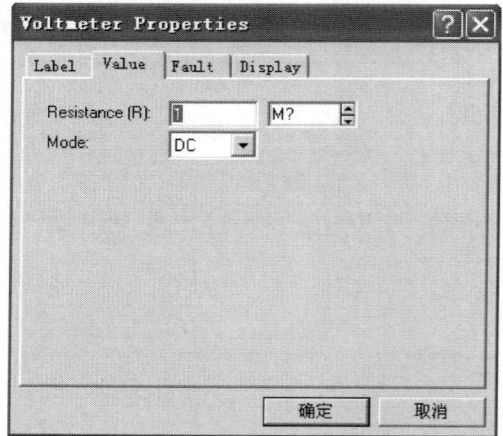

图 4 - 7 电压表属性对话框

（2）以图 4 - 1 中的 A 点作为电位的参考点，分别使用电压表测量 B、C、D、E、F 各点的电位值，如图 4 - 8 所示，电路连接后，打开 EWB 界面右上角的仿真开关，系统开始仿真，仿真结果就显示在电压表上，将测得的数据填入表 4 - 2 中。注意：在用 EWB 软件分析电路时，必须有接地点。同理可测量相邻两点之间的电压值 U_{AB}、U_{BC}、U_{CD}、U_{DE}、U_{EF} 及 U_{FA}，将数据填入表 4 - 2 中。注意：每个连接点只能连接来自四个方向的导线。

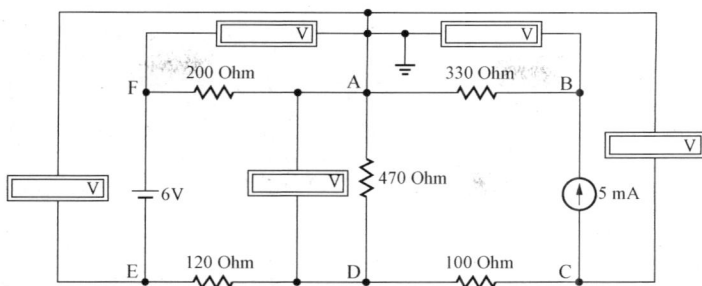

图 4-8　A 为参考点的仿真实验电路

表 4-2　　　　　　　　　　　　　电压、电位的测量数据

电位 参考点	电位 V 与 电压 U	V_B	V_C	V_D	V_E	V_F	U_{AB}	U_{BC}	U_{CD}	U_{DE}	U_{EF}	U_{FA}
A	计算值（V）											
	测量值（V）											
	相对误差（%）											

（3）以 D 点作为参考点，重复实验内容（2）的测量，测得数据填入表 4-3 中。

表 4-3　　　　　　　　　　　　　电压、电位的测量数据

电位 参考点	电位 V 与 电压 U	V_A	V_B	V_C	V_E	V_F	U_{AB}	U_{BC}	U_{CD}	U_{DE}	U_{EF}	U_{FA}
D	计算值（V）											
	测量值（V）											
	相对误差（%）											

五、实验注意事项

（1）电压表的内阻设置不要过小，默认值为 1MΩ。

（2）将电压表接入电路时注意电压表的正负极性，带黑粗线的是负极，另一端为正极。

（3）测量电位时，应将电压表的负极接参考电位点，正极接被测点。若电压表显示正值，则表明该点电位高于参考点电位；若电压表显示负值，则表明该点电位低于参考点电位，注意此时不可调换电压表的极性，直接读出负值即可。

（4）测量电压时，应将电压表的正极接被测电压参考方向的高电位点，负极接被测电压参考方向的低电位点。若电压表显示正值，则表明实际方向与参考方向相同；若电压表显示负值，则表明实际方向与参考方向相反，注意此时不可调换电压表的极性，直接读出负值即可。

六、预习思考题

（1）若以 A 点为参考点，按实验步骤测量各点的电位值；若以 D 点作为参考点，则此时各点的电位值应有何变化？

（2）在使用电压表测量电压和电位时，为何数据前面会出现正负号，其物理意义是

什么？

七、实验报告

（1）根据测量实验数据，分别绘制出两个电位图形，并对照观察各对应两点间的电压情况。两个电位图形的参考点不同，但各点的相对顺序应一致，以便对照。

（2）完成数据表格中的计算，对误差作必要的分析。

（3）总结电位相对性和电压绝对性的结论。

实验二　基尔霍夫定律的验证

一、实验目的

（1）验证基尔霍夫定律的正确性，加深对基尔霍夫定律的理解；

（2）掌握 EWB 中电压表测量元件电压的方法；

（3）掌握 EWB 中电流表的使用方法；

（4）掌握 EWB 中电流表测量支路电流的方法。

二、实验原理

基尔霍夫定律是集总电路的基本定律，它包括电流定律和电压定律。

基尔霍夫电流定律（KCL）指出：“在集总参数电路中，任何时刻，对任一结点，所有流出结点的支路电流的代数和恒等于零”。此处，电流的“代数和”是根据电流是流出结点还是流入结点判断的。若流出结点的电流前面取“＋”号，则流入结点的电流前面取“－”号；电流是流出结点还是流入结点，均根据电流的参考方向判断，所以对任意结点都有

$$\sum i = 0$$

上式取和是对连接于该结点的所有支路电流进行的。

基尔霍夫电压定律（KVL）指出：“在集总参数电路中，任何时刻，沿任一回路，所有支路电压的代数和恒等于零”。所以，沿任一回路有

$$\sum u = 0$$

上式取和时，需要任意指定一个回路的绕行方向，凡支路电压的参考方向与回路的绕行方向一致者，该电压前面取“＋”号，支路电压的参考方向与回路的绕行方向相反者，前面取“－”号。

基尔霍夫定律实验电路如图 4-9 所示。

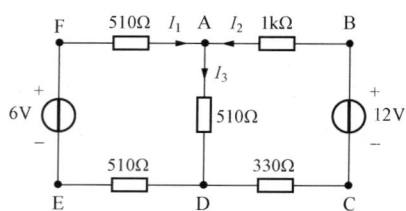

图 4-9　基尔霍夫定律实验电路

三、实验设备

实验设备见表 4-4。

表 4-4　　　　　　　　　　　　　　实 验 设 备

序 号	名 称	型号与规格	数 量
1	直流电压源	6V	1个
2	直流电压源	12V	1个
3	直流数字电压表		1台

序　号	名　　称	型号与规格	数　量
4	直流数字电流表		1台
5	电阻	510Ω	3个
6	电阻	330Ω	1个
7	电阻	1kΩ	1个

四、实验内容

1. 启动 EWB 仿真软件

启动 EWB 仿真软件，在电路工作区绘制基尔霍夫定律仿真实验电路，如图 4 - 10 所示。

2. 基尔霍夫电流定律的测试

（1）电流表的使用。首先从指示器件库（Indicators）中选取电流表，将电流表拖到电路工作区；其次，双击电流表图标号，打开电流表属性（Ammeter Properties）对话框，

图 4 - 10　基尔霍夫定律仿真实验电路

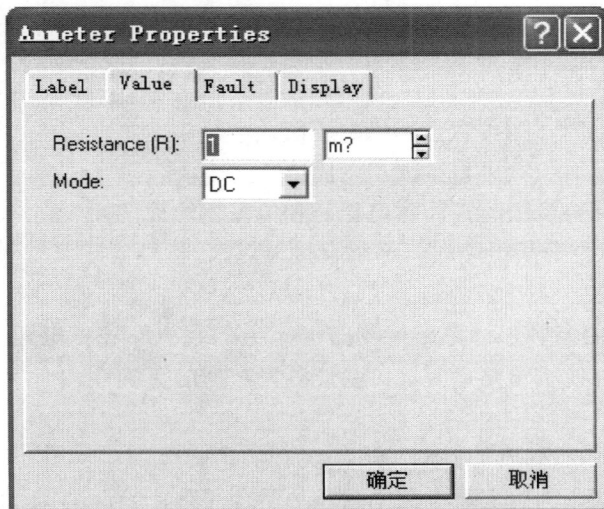

选中"Value"选项卡，电流表的内阻［Resistance（R）］默认值为 1mΩ；工作模式（Mode）默认为 DC，此时电流表为直流电流表，若工作模式（Mode）选择 AC 则为交流电流表，如图 4 - 11 所示。需要注意的是：在电流表的图标中，带粗黑线的一端为电流表的负极，连接时注意电流表的极性。

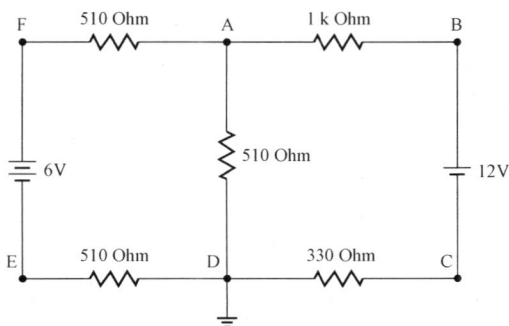

图 4 - 11　Ammeter Properties 对话框

（2）将电流表连接到电路中。从指示元件库（Indicators）中取出电流表，将电流表两端的接线与串联电路的连线重合，即可以将电流表串入到相应的支路中，电路如图 4 - 12 所示。连接时注意电流表的极性。

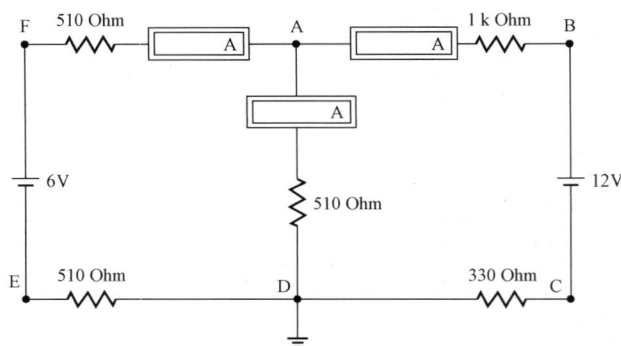

图 4 - 12　基尔霍夫电流定律的测量电路

（3）打开 EWB 界面右上角的仿真开关，系统开始仿真，仿真结果就显示在电流表上，将测得的数据填入表 4 - 5 中。

表 4 - 5　　　　　　　　　　　　实 验 数 据 记 录 表 格

被测量	I_1	I_2	I_3	U_{EF}	U_{BC}	U_{FA}	U_{AB}	U_{AD}	U_{CD}	U_{DE}
计算值										
测量值										

3. 基尔霍夫电压定律的测试

在图 4 - 10 所示的电路中连接电压表，按照表 4 - 3 的要求测量各元件两端的电压，然后将数据填入表 4 - 3 中。

五、实验注意事项

（1）所有需要测量的电压值，均以电压表测量的读数为准。电压源的电压也需测量，不应取电压源本身的电压值。

（2）用电压表测量时，则可直接读出电压值。

（3）用电流表测量时，则可直接读出电流值。

（4）连接电压表和电流表时，注意电压表和电流表的极性。

（5）在用 EWB 软件分析电路时，必须有接地点。

六、预习思考题

根据图 4 - 9 的电路参数，计算出待测的电流 I_1、I_2、I_3 和各电阻上的电压值，记入预习报告理论计算中，以便实验测量时，可验证测量数据的正确性。

七、实验报告

（1）根据实验数据，选定结点 A，验证 KCL 的正确性。

（2）根据实验数据，选定实验电路中的任一闭合回路，验证 KVL 的正确性。

实验三　叠加定理的验证

一、实验目的

（1）验证线性电路叠加定理的正确性；

（2）加深对线性电路的叠加性和齐次性的认识和理解；

（3）理解线性电路的叠加性和齐次性；

（4）进一步熟悉 EWB 中直流电压源和直流电流源的使用方法；

（5）进一步掌握 EWB 中电压表、电流表的使用方法。

二、实验原理

叠加定理描述了线性电路的可加性或叠加性，其内容如下：

在有多个独立源共同作用下的线性电路中，任一电压或电流都是电路中各个独立电源单独作用时，在该处产生的电压或电流的叠加。通过每一个元件的电流或其两端的电压，可以看成是由每一个独立源单独作用时在该元件上所产生的电流或电压的代数和。

齐性定理的内容是：

在线性电路中，当所有激励（电压源和电流源）都同时增大或缩小 K 倍（K 为实常数）时，响应（电压或电流）也将同时增大或缩小 K 倍，这是线性电路的齐性定理。这里所说的激励指的是独立电源，并且必须全部激励同时增加或缩小 K 倍，否则将导致错误的结果。显然，当电路中只有一个激励时，响应必与激励成正比。

使用叠加定理时应注意以下几点：

（1）叠加定理适用于线性电路，不适用于非线性电路。

（2）在叠加的各分电路中，不作用的电压源置零，在电压源处用短路代替；不作用的电流源置零，在电流源处用开路代替。电路中的所有电阻都不予更动，受控源则保留在分电路中。

（3）叠加时各分电路中的电压和电流的参考方向可以取为与原电路中的相同。取和时，应注意各分量前的"＋""－"号。

（4）原电路的功率不等于按各分电路计算所得功率的叠加，这是因为功率是电压和电流的乘积。

实验电路如图 4 - 13 所示。

三、实验设备

实验设备见表 4 - 6。

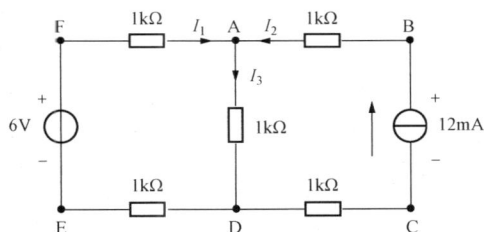

图 4 - 13　叠加定理实验电路

表 4 - 6 　　　　　　　　　　**实 验 设 备**

序　号	名　　称	型号与规格	数　量
1	直流电压源	6V	1个
2	直流电流源	12mA	1个
3	电阻	1kΩ	5个
4	直流电压表		1台
5	直流电流表		1台

四、实验内容

1. 电压源单独作用时的测量

（1）启动 EWB 仿真软件，在电路工作区绘制仿真实验电路，如图 4 - 14 所示。

（2）接入电流表，测量支路电流 I_1、I_2、I_3，将数据填入表 4 - 4 中。

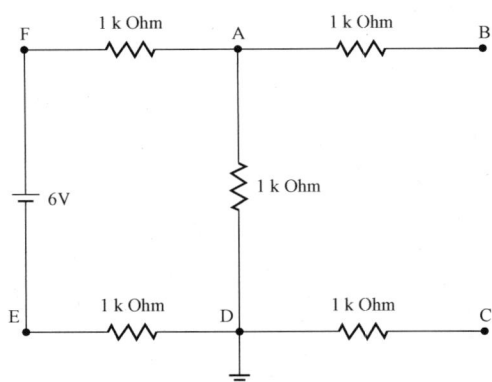

图 4-14　电压源单独作用的电路

（3）接入电压表，按照表 4-4 测量各元件两端的电压，然后将数据填入表 4-4 中。

2. 电流源单独作用时的测量

（1）在电路工作区绘制仿真实验电路，如图 4-15 所示。

（2）接入电流表，测量支路电流 I_1、I_2、I_3，然后将数据填入表 4-4 中。

（3）接入电压表，按照表 4-4 测量各元件两端的电压，然后将数据填入表 4-4 中。

3. 电压源和电流源共同作用时的测量

（1）在电路工作区绘制仿真实验电路，如图 4-16 所示。

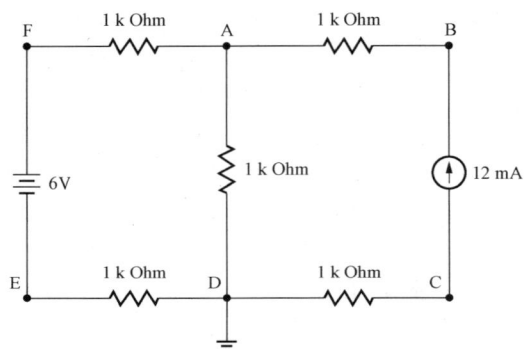

图 4-15　电流源单独作用的电路

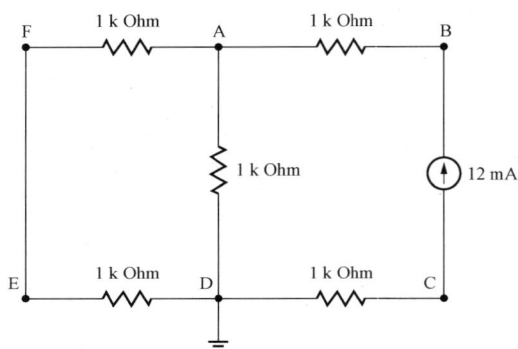

图 4-16　电压源和电流源共同作用的电路

（2）接入电流表，测量支路电流 I_1、I_2、I_3，然后将数据填入表 4-7 中。

（3）接入电压表，按照表 4-7 测量各元件两端的电压，然后将数据填入表 4-7 中。

表 4-7　　　　　　　　　　　叠加定理实验测量数据

实验内容	I_1	I_2	I_3	U_{AB}	U_{BC}	U_{CD}	U_{DE}	U_{EF}	U_{FA}	U_{AD}
电压源单独作用										
电流源单独作用										
共同作用										

五、实验注意事项

（1）仿真实验电路必须有接地点；

（2）连接电压表和电流表时注意极性。

六、预习思考题

（1）在叠加定理实验中，要令电压源、电流源分别单独作用，应如何操作？

（2）在线性电路中，可否用叠加定理来计算电阻消耗的功率？为什么？

七、实验报告

（1）根据实验数据表格，进行分析、比较，归纳、总结实验结论，即验证线性电路的叠加性与齐次性。

（2）各电阻器所消耗的功率能否用叠加定理计算得出？试用上述实验数据，进行计算并作结论。

实验四　*RC* 一阶电路响应测试与设计

一、实验目的

（1）测量 *RC* 一阶电路的零输入响应、零状态响应及全响应；

（2）掌握一阶电路的时间常数的概念，学习电路时间常数的测量方法；

（3）掌握 EWB 中普通开关和延迟开关的使用方法；

（4）掌握 EWB 中的示波器的使用方法；

（5）掌握 EWB 中的暂态分析方法。

二、实验原理

1. 稳态与暂态

电阻元件电路一旦接通或断开电源时，电路立即处于稳定状态，简称稳态。这时电路中的各物理量（电流、电压等）到达了给定条件下的稳态值，对于直流电路，它的数值稳定不变；对于交流电路，它的幅值、频率和变化规律稳定不变。但是电路中的各物理量从接通电源前的零值，到达接通电源后的稳态值，其间要有一个变化过程。另外，在已经到达稳态的电路中，如果电源电动势（或电激流）或者电路某些参数有了改变，则电路中的各物理量也要变化到另一稳态值。电路中这种从一个稳态（包括未接电源前的零态）变化到另一个稳态的过程，称为电路的瞬变过程（或过渡过程），变化过程中的工作状态称为瞬变状态（或过渡状态），简称暂态。

如果电路中只有电阻元件，瞬变过程具有瞬间阶跃的形式，没有一个随时间逐渐变化的渐变过程，一般用不着分析。实际电路中还有电容和电感（包括连接导线实际存在的分布电容和电感），这样的储能元件，瞬变过程就是一个渐变过程。分析电路的瞬变过程，就是要找出该过程的规律，求出该过程中的电流、电压等电路中的各物理量的时间函数。研究瞬变过程的目的就是，一方面在于利用它解决某些电工技术问题（如电路器件的延时动作）和根据它来改善某些电路（如传递脉冲信号的电路）的性能；另一方面还在于研究瞬变过程中可能发生的过电压、过电流的有害现象，并据以提出防护措施。

2.*RC* 一阶电路的响应

只含有一个动态元件（或通过化简可以等效为一个动态元件）的线性电路称为一阶电路。

一阶电路的零输入响应是指换路后外加激励为零，仅由动态元件初始储能所产生的电压和电流。

一阶电路的零状态响应是指动态元件初始能量为零，$t > 0$ 后由电路中外加输入激励作用所产生的响应。

一阶电路的全响应是指换路后电路的初始状态不为零，同时又有外加激励源作用时电路中产生的响应。

对于一阶电路通常可用一阶常微分方程来描述，其通用表达式具体为

$$f(t) = f(\infty) + \left[f(0_+) - f(\infty)\right]e^{-\frac{t}{\tau}}$$

式中，$f(\infty)$ 为待求参数的稳态值；$f(0_+)$ 为待求参数的初始值；τ 为一阶动态电路的时间常数，$\tau = RC$。

图 4 - 17（a）给出了 RC 一阶电路零输入响应的测试电路，图 4 - 17（b）给出了 RC 一阶电路的零输入响应电容两端电压 u_C 变化的波形。

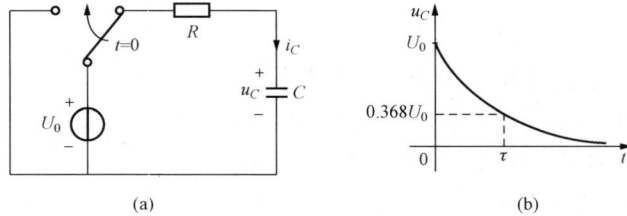

(a)　　　　　　　　　(b)

图 4 - 17　RC 一阶电路的零输入响应

（a）RC 一阶电路零输入响应的测试电路；（b）电容电压 u_C 随时间变化的曲线

图 4 - 18（a）给出了 RC 一阶电路零状态响应的测试电路。图 4 - 18（b）给出了 RC 一阶电路零状态响应电容两端电压 u_C 变化的波形。

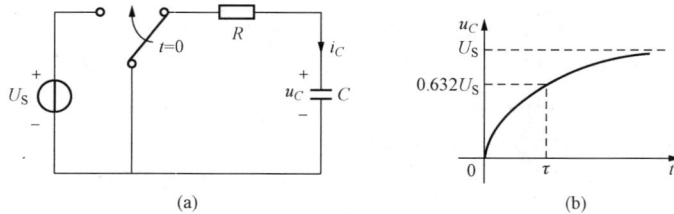

(a)　　　　　　　　　(b)

图 4 - 18　RC 一阶电路的零状态响应

（a）RC 一阶电路零状态响应的测试电路；（b）电容电压 u_C 随时间变化的曲线

图 4 - 19（a）给出了 RC 一阶电路全响应的测试电路。图 4 - 19（b）给出了 RC 一阶电路全响应电容两端电压 u_C 变化的波形。

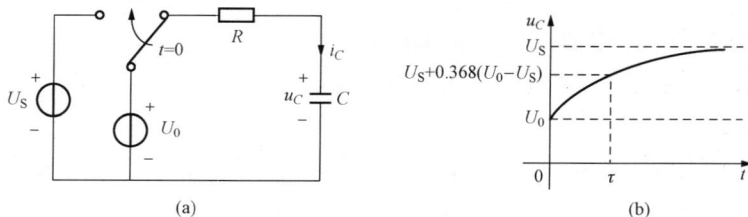

(a)　　　　　　　　　(b)

图 4 - 19　RC 一阶电路的全响应

（a）RC 一阶电路零状态响应的测试电路；（b）电容电压 u_C 随时间变化的曲线

3. 时间常数 τ 的测定方法

时间常数 τ 的测试电路如图 4 - 17（a）所示。

（1）RC 一阶电路的零输入响应。

根据一阶微分方程的求解得知

$$u_C = U_0 e^{-\frac{1}{RC}t} = U_0 e^{-\frac{t}{\tau}}$$

当 $t = \tau$ 时，$u_C = 0.368 U_0$，此时所对应的时间就等于 τ。用示波器测量零输入响应的波形如图 4-17（b）所示。

（2）RC 一阶电路的零状态响应。

根据一阶微分方程的求解得知

$$u_C = U_s - U_s e^{-\frac{1}{RC}t} = U_s - U_s e^{-\frac{t}{\tau}}$$

当 $t = \tau$ 时，$u_C = 0.632 U_s$，此时所对应的时间就为 τ。用示波器测量零状态响应的电压输出波形如图 4-18（b）所示。

（3）RC 一阶电路的全响应。

根据一阶微分方程的求解得知

$$u_C = U_s + (U_0 - U_s) e^{-\frac{1}{RC}t} = U_s + (U_0 - U_s) e^{-\frac{t}{\tau}}$$

当 $t = \tau$ 时，$u_C = U_s + 0.368(U_0 - U_s)$，此时所对应的时间就等于 τ。用示波器测量全响应的波形如图 4-19（b）所示。

三、实验设备

实验设备见表 4-8。

表 4-8　　　　　　　　　　　实 验 设 备

序　号	名　　称	型号与规格	数　量
1	直流电压源	10V	1 个
2	直流电压源	5V	1 个
3	延迟开关		1 个
4	示波器		1 台
5	电阻	100kΩ	1 个
6	电容	1μF	1 个

四、实验内容

1. 延迟开关的使用

EWB 仿真软件中有普通开关 ⊶ 和延时开关 ⊷ 两种。现将开关元件属性设置说明以下：

（1）普通开关 ⊶。

首先，从基本元器件库（Basic）中选取普通开关 ⊶，将普通开关拖到电路工作区；

然后，双击普通开关图标，打开普通开关属性（Switch Properties）对话框，如图 4-20（a）所示。

选中"Value"选项卡，文本框 Key 用来设置普通开关的控制键，EWB 仿真软件默认为 Space（空格键），也可以设置为其他字母键和数字键。控制键控制普通开关的位置 1 与位置 2、位置 1 与位置 3 的闭合和断开，如图 4-20（b）所示，控制键每单击一次，普通开关就在位置 1 与位置 2 和位置 1 与位置 3 之间来回切换。

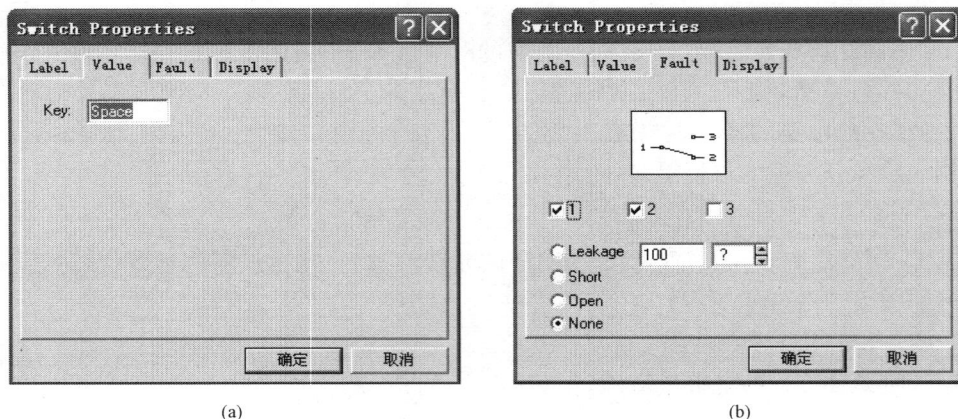

(a)　　　　　　　　　　　　　　　　　　(b)

图 4 - 20　Switch Properties 对话框

(a) Value 选项卡；(b) Fault 选项卡

需要注意的是，当电路文件里有多个普通开关时，需要对每个普通开关分别进行控制键设置。

（2）延迟开关 。

首先，从基本元器件库（Basic）中选取延时开关 ，将普通开关拖到电路工作区；

然后，双击延迟开关图标，打开延迟开关属性（Time-Delay Switch Properties）对话框。

选中"Value"选项卡，如图 4 - 21（a）所示。现将图 4 - 21（a）中延时开关参数的说明：

Time on（TON）：设置仿真电路激活后延时开关由位置 2，拨到位置 3 的时间，如图 4 -21（b）所示。

Time off（TOFF）：设置仿真电路激活后延时开关由位置 3，拨回位置 2 的时间，如图

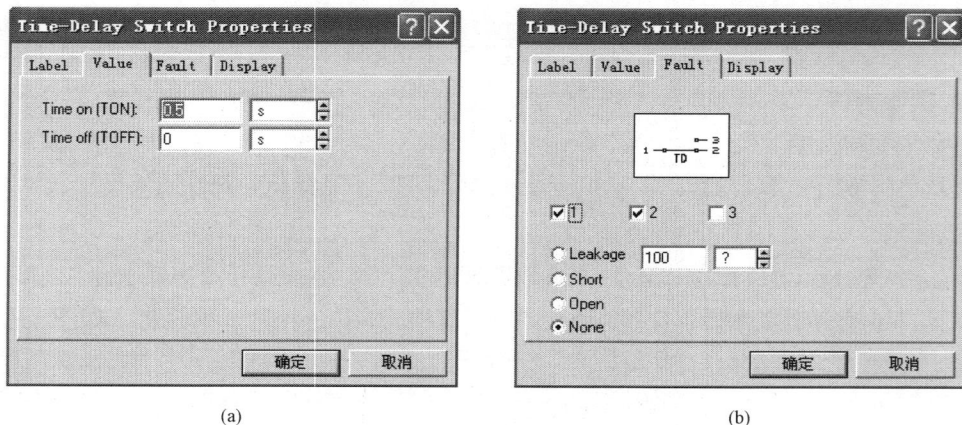

(a)　　　　　　　　　　　　　　　　　　(b)

图 4 - 21　Time-Delay Switch Properties 对话框

(a) Value 选项卡；(b) Fault 选项卡

4 - 21（b）所示。当设定为零时，表示延时开关没有拨回位置 2，始终在位置 3。

在图 4 - 21（a）中，Time on（TON）为 0.5s，表明延时开关以激活电路的时刻为 $t=0$，在 $t=0.5$s 后开关由位置 2，拨到位置 3；Time off（TOFF）为 0s，表明延时开关没有再拨回到位置 2，始终在位置 3。

2. RC 一阶电路零输入响应测试

（1）启动 EWB 仿真软件，在电路工作区绘制图 4 - 17（a）的仿真实验电路，$U_0=10$V，$R=100$kΩ，$C=1\mu$F，如图 4 - 22 所示。电容参数的设置方法与电阻的设置方法相同，此处不再赘述。

（2）仿真测试。

仿真测试方法一：示波器测试。用示波器显示电容电压 u_C 的波形，测试连接电路如图 4 - 23 所示。点击右上角仿真开关 ，示波器显示的波形如图 4 - 24 所示。通过单击暂停按钮 ，可以使示波器显示的波形静止，进行分析，确定 u_C 的初始值、稳态值与时间常数 τ，将测得的数据填入表 4 - 9 中。

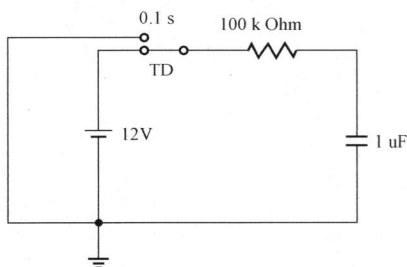

图 4 - 22　RC 一阶电路零输入响应仿真电路　　　图 4 - 23　示波器测试仿真实验电路

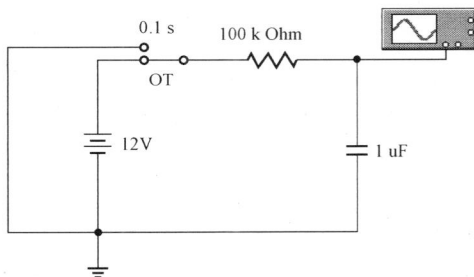

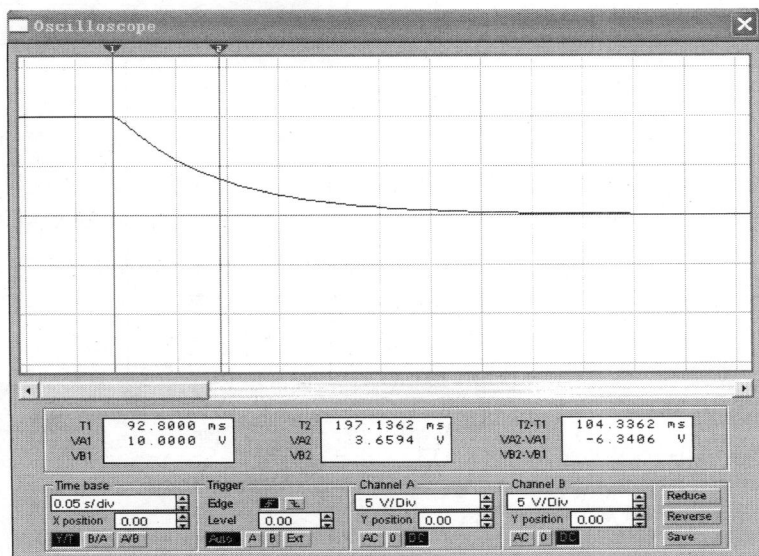

图 4 - 24　示波器显示结果

表 4 - 9 **RC 一阶电路零输入响应测试数据**

电容电压 u_C 波形	测 量 数 据	
	初始值	(V)
	稳态值	(V)
	时间常数	(s)

仿真测试方法二：暂态分析方法。

使用菜单命令分析（Analysis）中的暂态分析（Transient），得到 u_C 的波形。

（1）在图 4 - 23 所示的仿真实验电路中显示电路结点。具体步骤是：在电路工作区的空白处单击鼠标右键，弹出快捷菜单，如图 4 - 25 所示；选择 Schematic Options…命令，弹出 Schematic Options 对话框，如图 4 - 26 所示；在 Display 选项里选择 Show nodes 复选框，则在电路中就可显示电路中的结点，如图 4 - 27 所示。

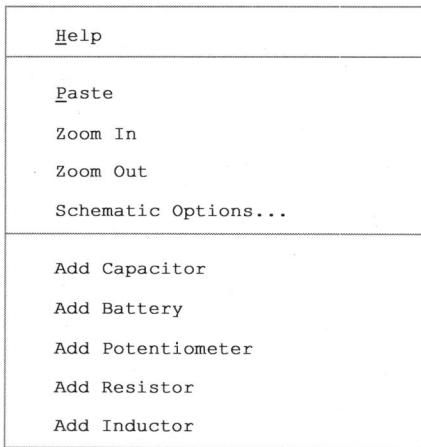

图 4 - 25 快捷菜单

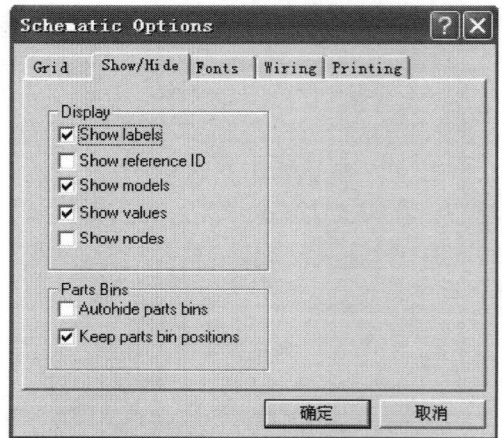

图 4 - 26 Schematic Options 对话框

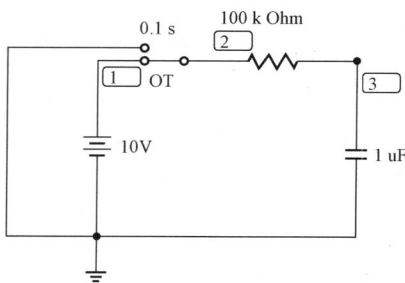

图 4 - 27 显示结点的实验电路

（2）单击 Analysis/Transient 菜单命令，调出 Transient Analysis 对话框，设置分析起始时间 Start time（TSTART）为 0s，分析完成时间 End time（ESTOP）为 1.0s，同时选择结点 3 为分析结点，点击 ADD 按钮，添加待分析的结点，如图 4 - 28 所示。单击 Simulate 按钮，得到结点 3 的电压波形，如图 4 - 29 所示。结点 3 电压的大小，通过点击图 4 - 29 中的游标按钮▥和栅格按钮▦得到，显示窗口如图 4 - 30 所示。

根据显示的波形可知：

电容电压 u_C 的初始值为 10V、稳态值为 0V。

时间常数 τ 的确定：

根据 RC 一阶电路的零输入响应得知：$u_C = 10\mathrm{e}^{-\frac{1}{RC}t} = 10\mathrm{e}^{-\frac{t}{\tau}}$

当 $t = \tau$ 时，$u_C = 3.68\,\mathrm{V}$，此时所对应的时间就等于 τ。

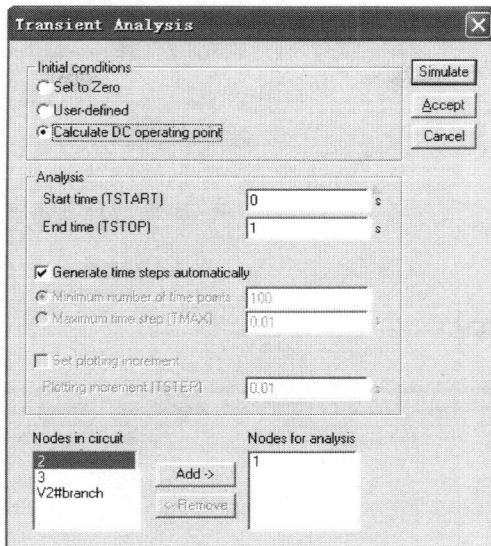

图 4 - 28　Transient Analysis 对话框

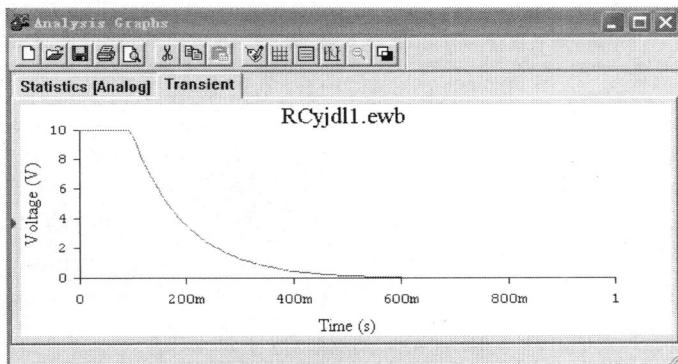

图 4 - 29　结点 1 电压波形

因此，通过调节图 4 - 30 中的游标按钮，使 $u_C = 3.68$ V。此时，游标按钮所对应的时间为 t，则 $\tau = t - 0.1$（请读者思考原因）。

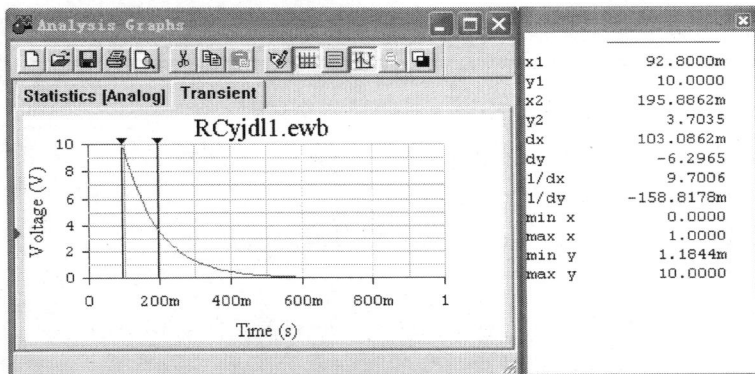

图 4 - 30　结点 1 的电压显示窗口

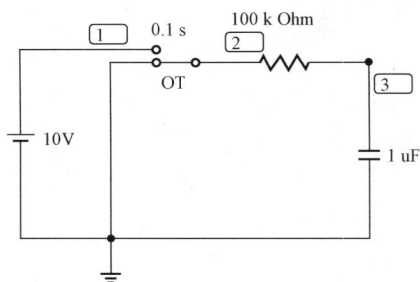

图 4-31　RC 一阶电路零状态响应仿真电路

3. RC 一阶电路零状态响应的测试

在电路工作区绘制图 4-18（a）所示的电路，$U_S = 10\text{V}$，$R = 100\text{k}\Omega$，$C = 1\mu\text{F}$，如图 4-31 所示，进行仿真测试。

（1）仿真测试方法一：示波器测试。

利用示波器显示电容电压 u_C 波形，如图 4-32 所示。对示波器显示的波形进行分析，确定电容电压 u_C 的初始值、稳态值与时间常数 τ，将测得的数据填入表 4-10 中。

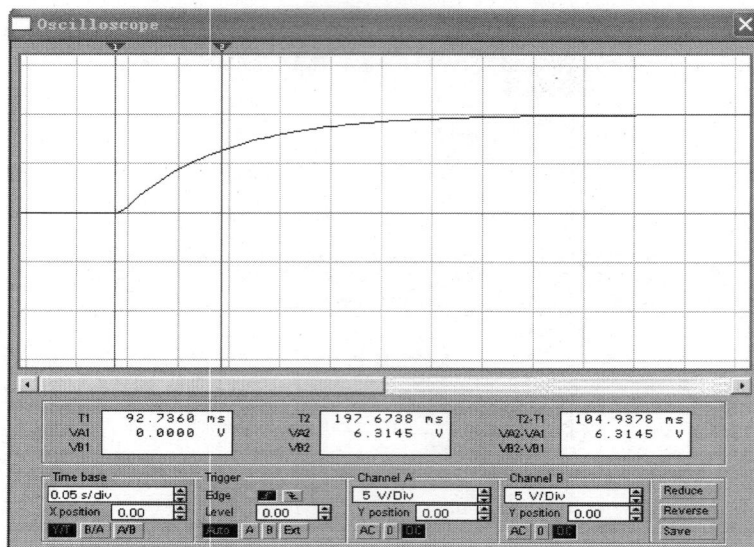

图 4-32　示波器显示结果

表 4-10　　　　　　　　　　**RC 一阶电路零状态响应测试数据**

电容电压 u_C 波形	测 量 数 据	
	初始值	（V）
	稳态值	（V）
	时间常数	（s）

（2）仿真测试方法二：暂态分析。

用 Analysis/Transient 菜单命令显示波形，如图 4-33 所示。

确定 u_C 的初始值、稳态值与时间常数 τ。

根据显示的波形可知 u_C 的初始值为 0V、稳态值为 10V。

时间常数 τ 的确定：

根据 RC 一阶电路的零状态响应得知：$u_C = 10 - 10\text{e}^{-\frac{1}{RC}t} = 10 - 10\text{e}^{-\frac{t}{\tau}}$

当 $t = \tau$ 时，$u_C = 6.32\text{ V}$，此时所对应的时间就等于 τ。

因此，通过调节图 4-33 中的游标按钮，使 $u_C = 6.32\text{ V}$。此时，游标按钮所对应的时

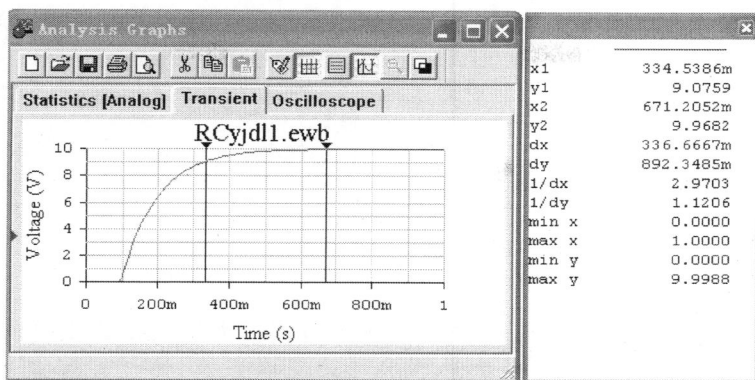

图 4-33　结点 3 的电压显示窗口

间为 t，则 $\tau = t - 0.1$。

4. RC 一阶电路全响应

在电路工作区绘制图 4-19（a）所示的电路，$U_\text{S} = 10\text{V}$，$U_0 = 5\text{V}$，$R = 100\text{k}\Omega$，$C = 1\mu\text{F}$，如图 4-34 所示，并进行仿真。

仿真测试方法一：示波器测试。

使用示波器显示电容电压 u_C 的波形，如图 4-35 所示。对示波器显示的波形进行分析，确定电容电压 u_C 的初始值、稳态值与时间常数 τ，将测得的数据填入表 4-11 中。

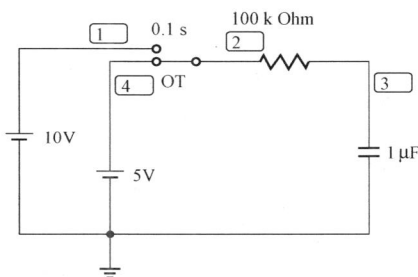

图 4-34　RC 一阶电路全响应仿真电路

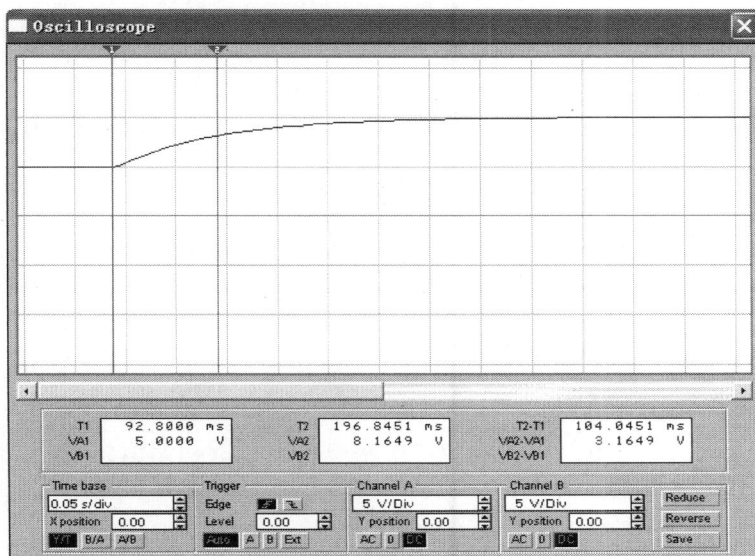

图 4-35　示波器显示结果

表 4 - 11　　　　　　　　　　　　　　　　***RC* 一阶电路全响应测试数据**

电容电压 u_C 波形	测 量 数 据	
	初始值	(V)
	稳态值	(V)
	时间常数	(s)

仿真测试方法二：暂态分析方法。

利用 Analysis/Transient 菜单命令显示 u_C 的波形，如图 4 - 36 所示。

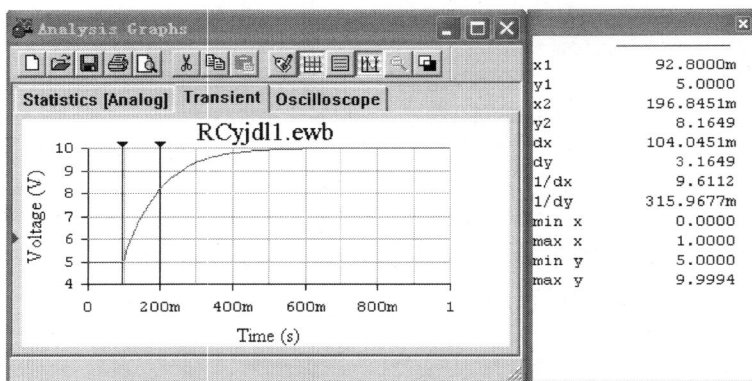

图 4 - 36　结点 3 的电压显示窗口

确定 u_C 的初始值、稳态值与时间常数 τ。

根据显示的波形可知：u_C 的初始值为 5V、稳态值为 10V。

时间常数 τ 的确定：

根据 *RC* 一阶电路的零状态响应得知：$u_C = 10 + (5 - 10)\mathrm{e}^{-\frac{1}{RC}t} = 10 - 5\mathrm{e}^{-\frac{t}{\tau}}$

当 $t = \tau$ 时，$u_C = 8.16$ V，所以此时所对应的时间就等于 τ。

因此，通过调节图 4 - 20 中的游标按钮，使 $u_C = 8.16$ V。此时，游标按钮所对应的时间为 t，则 $\tau = t - 0.1$。

5. 设计一个 *RC* 一阶电路

设计要求：

(1) 设计一个 *RC* 一阶电路的零输入响应，要求电容电压的初始值为 12V，稳态值为 0V，时间常数 τ 为 0.01s；

(2) 设计一个 *RC* 一阶电路的零状态响应，要求电容电压的初始值为 0V，稳态值为 12V，时间常数 τ 为 0.01s；

(3) 设计一个 *RC* 一阶电路的全响应，要求电容电压的初始值为 6V，稳态值为 12V，时间常数 τ 为 0.01s。

观测其零输入响应、零状态响应和全响应的波形，*R*、*C* 自取。

五、实验注意事项

(1) EWB 中示波器的使用；

(2) 延迟开关参数的设置；

（3）仿真实验电路一定要有接地点；

（4）示波器数据显示窗口数据的读取。

六、预习思考题

（1）RC 一阶电路零输入响应、零状态响应和完全响应的求法；

（2）已知 RC 一阶电路 $R=10\text{k}\Omega$，$C=0.1\mu\text{F}$，试计算时间常数 τ；

（3）时间常数 τ 的物理意义以及确定时间常数 τ 的方法。

七、实验报告

（1）根据实验观测结果，在坐标纸上绘出 RC 一阶电路零输入响应、零状态响应和完全响应电容电压 u_C 的变化曲线；

（2）根据实验曲线测得 τ 值，并与参数值的计算结果作比较，分析误差原因。

实验五　*RLC* 串联谐振电路的测试与设计

一、实验目的

（1）加深理解电路发生谐振的条件、特点；

（2）学习用实验方法绘制 RLC 串联电路的幅频特性曲线；

（3）掌握 EWB 中交流电压源参数的设置；

（4）掌握 RLC 串联谐振电路品质因数（电路 Q 值）的物理意义及其测定方法；

（5）掌握 EWB 中交流电压表和交流电流表的使用；

（6）掌握 EWB 中波特图仪的使用。

二、实验原理

1.RLC 串联谐振电路

在图 4-37（a）所示的 RLC 串联电路中，在正弦电压 $u_i=\sqrt{2}U\cos(\omega t+\psi_u)$ 的激励下，电路的工作状态将随电源频率的变化而变化，这是由于感抗和容抗随频率变动而造成的。首先分析该电路的输入阻抗 $Z(\text{j}\omega)$ 随频率变化的特性为

$$Z(\text{j}\omega)=R+\text{j}\left(\omega L-\frac{1}{\omega C}\right)$$

当 ω 变动时，感抗随频率成正比变化，容抗随频率成反比变化，电抗随频率变化的特性曲线如图 4-37（b）所示，图 4-37（c）为阻抗随频率变化时在复平面上表示的图形，其末端的轨迹是一条与纵轴平行的直线。

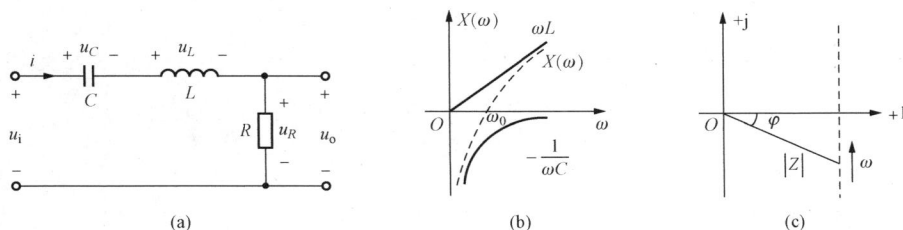

图 4-37　*RLC* 串联谐振电路

由于串联电路中的感抗和容抗有相互抵消作用，所以，当 $\omega=\omega_0$ 时，出现 $X(\omega_0)=0$。

这时端口上的电压与电流同相，工程上将电路的这种工作状况称为谐振，由于是在 RLC 串联电路中发生的，故称为串联谐振。串联谐振的条件为

$$\text{Im}[Z(\mathrm{j}\omega)] = 0$$

即

$$\omega_0 L - \frac{1}{\omega_0 C} = 0$$

发生谐振时的角频率 ω_0 和频率 f_0 分别为

$$\omega_0 = \frac{1}{\sqrt{LC}}, \quad f_0 = \frac{1}{2\pi\sqrt{LC}}$$

谐振频率又称为电路的固有频率，它是由电路的结构和参数决定的。串联谐振频率只有一个，是由串联电路中的 L、C 参数决定的，而与串联电阻 R 无关。改变电路中的 L 或 C 都能改变电路的固有频率，使电路在某一频率下发生谐振，或者避免谐振。这种串联谐振也会在电路中某一条含 L 和 C 串联的支路中发生。

谐振时阻抗为最小值

$$Z(\mathrm{j}\omega) = R + \mathrm{j}\left(\omega L - \frac{1}{\omega C}\right) = R$$

在输入电压有效值 U 不变的情况下，电流 I 和 U_R 为最大，即

$$I = \frac{U}{|Z|} = \frac{U}{R}, \quad U_R = RI = U$$

2. RLC 串联谐振电路频率特性

当正弦交流信号源的频率 ω 改变时，电路中的感抗、容抗随之而变，电路中的电流也随 ω 而变。取电阻 R 上的电压 u_0 作为响应，当输入电压 u_i 的幅值维持不变时，在不同频率的信号激励下，测出 u_0 之值，然后以 ω 为横坐标，以 u_0 为纵坐标，绘出光滑的曲线，此曲线称为幅频特性曲线，亦称谐振曲线，如图 4-38 所示。

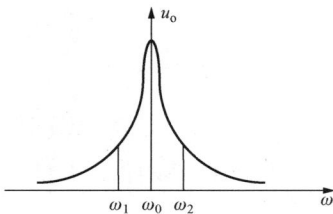

图 4-38　幅频特性曲线

在 $\omega = \omega_0 = \dfrac{1}{\sqrt{LC}}$（或 $f = f_0 = \dfrac{1}{2\pi\sqrt{LC}}$）处，即幅频特性曲线尖峰所在的频率点称为谐振频率。谐振时还有 $\dot{U}_L + \dot{U}_C = 0$（所以串联谐振又称为电压谐振），为

$$\dot{U}_L = \mathrm{j}\omega_0 L\dot{I} = \mathrm{j}\frac{\omega_0 L}{R}\dot{U} = \mathrm{j}Q\dot{U}$$

$$\dot{U}_C = -\mathrm{j}\frac{1}{\omega_0 C}\dot{I} = -\mathrm{j}\frac{1}{\omega_0 CR}\dot{U} = -\mathrm{j}Q\dot{U}$$

式中，Q 为串联谐振电路的品质因数

$$Q = \frac{U_L(\omega_0)}{U} = \frac{U_C(\omega_0)}{U} = \frac{\omega_0 L}{R} = \frac{1}{\omega_0 CR} = \frac{1}{R}\sqrt{\frac{L}{C}}$$

3. RLC 串联谐振电路品质因数 Q 值的测量方法

根据公式有

$$Q = \frac{U_L(\omega_0)}{U} = \frac{U_C(\omega_0)}{U}$$

其中，$U_C(\omega_0)$ 与 $U_L(\omega_0)$ 分别为谐振时电容器 C 和电感线圈 L 上的电压。

三、实验设备

实验设备见表 4 - 12。

表 4 - 12   实 验 设 备

序号	名　　称	型号与规格	数　量
1	交流电压源		1个
2	交流电压源		1个
3	交流电流源		1个
4	波特图仪		1个
5	电阻	10Ω、100Ω、$1k\Omega$	3台
6	电容	$10\mu F$	1个
7	电感	$10mH$	1个

四、实验内容

1. 交流电压源参数的设置

首先，从基本信号源库（Sources）中选取交流电压源，将交流电压源拖到电路工作区；

其次，双击交流电压源图标，打开交流电压源属性（AC Voltage Sources Properties）对话框，选中"Value"选项卡，如图 4 - 39 所示。设置交流电压源的 Voltage（有效值）、Frequency（频率），Phase（初相位）等参数。

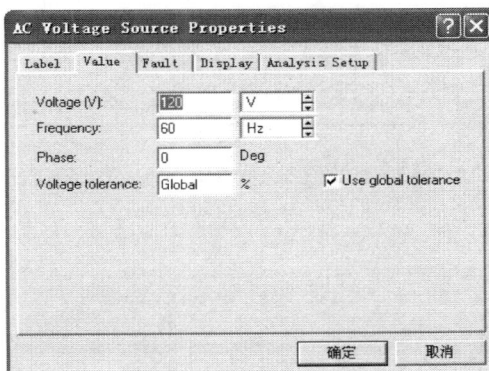

2. RLC 串联谐振电路电压和电流的测试

按照图 4 - 37（a）电路在 EWB 软件电路工作区绘制仿真实验电路，如图 4 - 40 所示。

图 4 - 39   AC Voltage Sources Properties 对话框

首先，将交流电压源的有效值设置为 10V，频率设置为 1Hz；

其次，将电容的容值设置为 $10\mu F$，电感的感值设置为 10mL，电阻的阻值设置为 100Ω；

第三，元件电压和电流的测量。

将电压表和电流表接入到仿真实验电路中，如图 4 - 41 所示。将电压表和电流表设置成交流电压表和交流电流表。设置方法是，双击电压表（电流表）图标，将 Mode 模式 DC 改为 AC，完成设置。

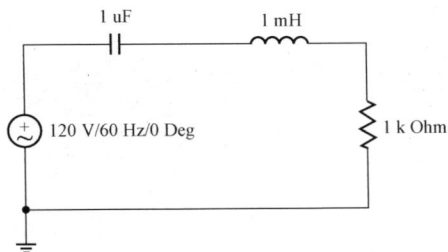

在交流电压源输出电压有效值保持不变的情况下，按照表 4 - 13 由小到大逐渐调节交流电压源的频率，测量各元件的电压和电流，并将测得的数据填入表 4 - 13 中。

当 U_R 为最大时，交流电压源的频率即为 RLC 串联电路的谐振频率 f_0，记下此时 U_L 和 U_C 的值，计算出电路品质因数 Q 值。

图 4 - 40   RLC 串联谐振仿真实验电路

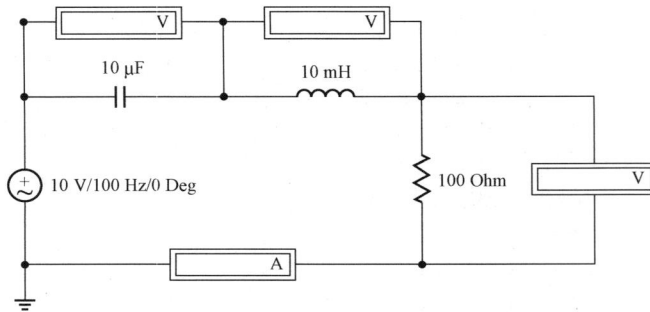

图 4 - 41　*RLC* 串联谐振仿真实验测试电路

表 4 - 13　　　　　　　　　**RCL 串联谐振的实验测量数据**

f(Hz)	100	200	300	400	500	600	700	800	900	1000	1500	2000
U_o(V)												
U_L(V)												
U_C(V)												
I(A)												

3. *RLC* 串联谐振电路频率特性的测试

测试方法一：使用波特图仪。

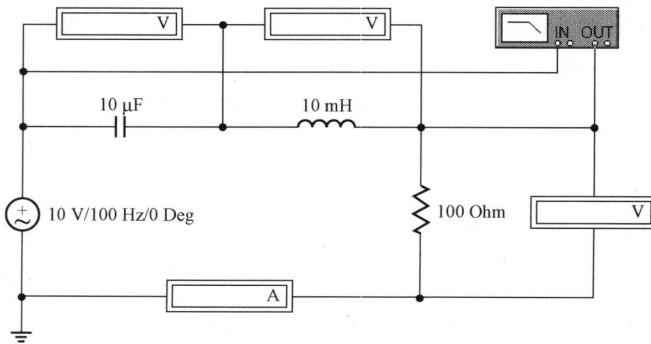

图 4 - 42　*RLC* 串联谐振频率特性的测试

测量电路如图 4 - 42 所示，幅频特性和相频特性如图 4 - 43 和图 4 - 44 所示。

测试方法二：使用菜单命令。

首先，显示 *RLC* 串联谐振测试电路的结点，显示方法参见 *RC* 一阶电路响应的测试与设计；

其次，双击交流电压源图标，打开交流电压源属性（AC Voltage Sources Properties）对话框，选中"Analysis Setup"选项卡，如图 4 - 45 所示，设置交流电压源的 AC Magnitude（幅值）为 14.14V；

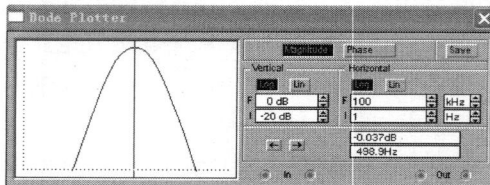

图 4 - 43　*RLC* 串联谐振幅频特性的测试

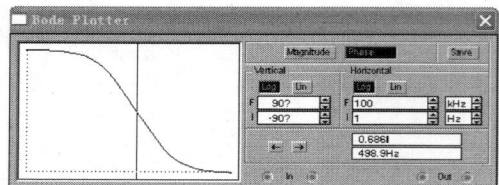

图 4 - 44　*RLC* 串联谐振相频特性的测试

　　第三，启动 Analysis 菜单中的 AC Frequency 菜单命令，弹出如图 4-46 所示的对话框，设置 Start frequency 为 1Hz，End frequency 为 100kHz，同时选择结点 3 为分析结点，点击 ADD，加入仿真测试结点；单击 Simulate 按钮，就可以得到结点 3 的幅频特性和相频特性，如图 4-47 所示。

　　4. 改变电阻值再次测量

　　改变电阻的阻值，当 $R=10\Omega$ 和 $R=1k\Omega$ 时，电容和电感的数值不变，重复仿真实验 3，看一看实验结果有何不同？

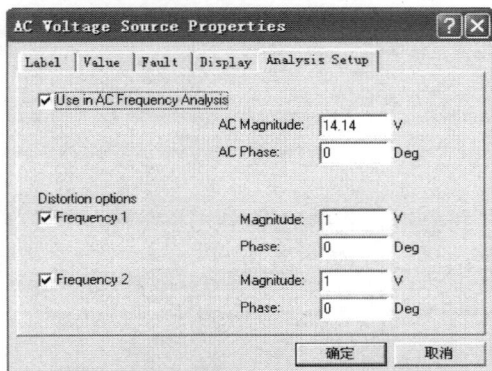

图 4-45　"Analysis Setup" 选项卡

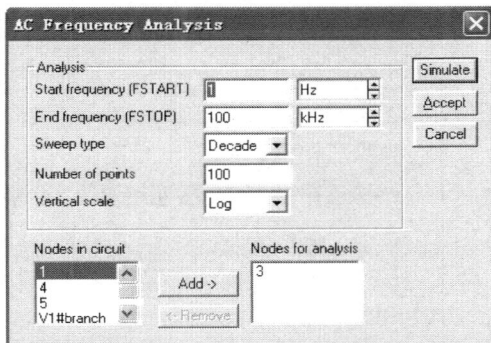

图 4-46　AC Frequency Analysis 属性对话框

　　5. 设计一个 RLC 串联谐振电路

　　设计要求：交流电压源电压有效值为 10V，角频率 $\omega = 1krad/s$，发生谐振时，$I(j\omega_0) = 0.1A$，$U_C(j\omega_0) = 10V$。试确定电路各元件的参数及品质因数 Q 值。

　　五、实验注意事项

　　（1）电压表和电流表设置为 AC 工作模式；

　　（2）使用菜单命令进行测试时注意交流电压源参数的设置；

　　（3）波特图仪的连接方法和使用方法；

　　（4）使用 EWB 仿真软件仿真电路一定有接地点。

　　六、预习思考题

　　（1）根据实验电路给出的元件参数值，估算电路的谐振频率。

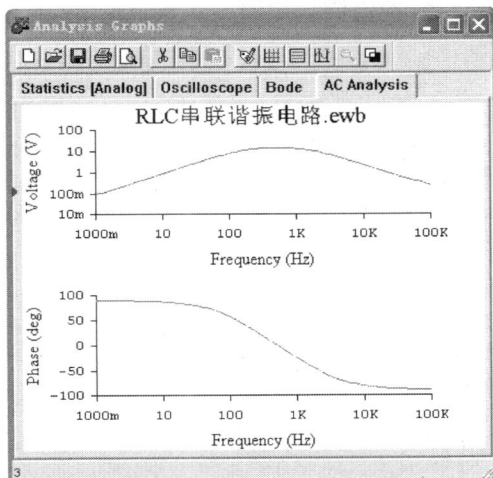

图 4-47　结点 3 的频率特性

　　（2）改变电路的哪些参数可以使电路发生谐振，电路中 R 的数值是否影响谐振频率值？

　　（3）如何判别电路是否发生谐振？测试谐振点的方案有哪些？

　　（4）电路发生串联谐振时，为什么输入电压不能太大？

　　（5）要提高 RLC 串联电路的品质因数 Q，电路参数应如何改变？

　　（6）本实验在谐振时，对应的 U_L 与 U_C 是否相等？如有差异，原因何在？

　　（7）根据 RLC 串联谐振电路设计的要求，完成电路的设计。

七、实验报告

（1）根据测量数据，绘出不同品质因数 Q 值时幅频特性曲线。

（2）根据实验数据，说明不同 R 值时对电路品质因数的影响。

（3）谐振时，比较输出电压 U_o 与输入电压 U_i 是否相等？试分析原因。

（4）通过本次实验，总结、归纳串联谐振电路的特性。

实验六　三相交流电路 Y-△的测量

一、实验目的

（1）理解三相电源、三相负载的概念；

（2）掌握三相电源的星形连接的方法；

（3）掌握三相负载的三角形连接的方法；

（4）掌握三相电路 Y-△连接相、线电压及相、线电流之间的关系；

（5）进一步掌握 EWB 软件中交流电压表、交流电流表的使用方法；

（6）进一步掌握 EWB 软件中交流电压源的使用方法。

二、实验原理

1. 三相对称电源

对称三相电源是由 3 个等幅值、同频率、初相位依次相差 120°的正弦电压源连接成星形（Y）组成的电源，如图 4 - 48 所示。这 3 个电源依次称为 U 相、V 相和 W 相，它们的电压为

$$u_A = \sqrt{2}U\cos(\omega t)$$

$$u_B = \sqrt{2}U\cos(\omega t - 120°)$$

$$u_C = \sqrt{2}U\cos(\omega t + 120°)$$

式中，以 A 相电压 u_A 作为参考正弦量，它们对应的相量形式为

$$\dot{U}_A = U\angle 0°$$

$$\dot{U}_B = U\angle -120°$$

$$\dot{U}_C = U\angle 120°$$

其中三相电源的相电压为 220V，则线电压为 380V。

2. 三相负载

3 个阻抗连接成三角形（△）就构成三角形负载，如图 4 - 49 所示。当这 3 个阻抗相等时，就称为对称三相负载，即 $Z_A = Z_B = Z_C$，当这 3 个阻抗不相等时，就称为不对称三相负载。

3. 三相电路 Y-△连接

若三相电源为星形（Y）连接，负载为三角形（△）连接，这样的三相电路称为 Y-△连接方式，如图 4 - 50 所示。三相负载的相电压和相电流是指各阻抗的电压和电流。三相负载的 3 个端子 ABC 向外引出的导线中的电流称为负载的线电流；任两个端子之间的电压为负载的线电压。

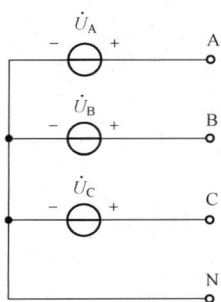

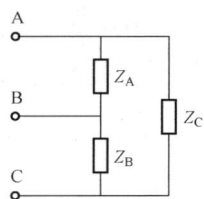

图 4 - 48　星形电源　　　图 4 - 49　三角形负载　　　　图 4 - 50　Y-△连接方式

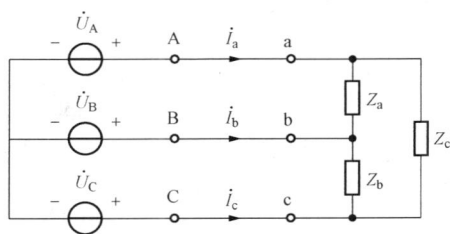

三、实验设备

实验设备见表 4 - 14 所示。

表 4 - 14　　　　　　　　　　　实　验　设　备

序　号	名　　　称	型号与规格	数　量
1	交流电压源	220V，50Hz	3 个
2	阻抗	100kΩ	4 个
3	交流电压表		1 台
4	交流电流表		1 台

四、实验内容

（1）启动 EWB 仿真软件，在电路工作区绘制图 4 - 50 所示的仿真实验电路，其中 $Z_A = Z_B = Z_C = 100\text{k}\Omega$，如图 4 - 51 所示。

（2）对称三相负载的测量。

当 $Z_A = Z_B = Z_C = 100\text{k}\Omega$ 时，为对称三相电路，如图 4 - 51 所示。使用交流电压表和交流电流表测量三相负载的相电压、相电流和线电流，将测得的实验数据填入表 4 - 15 中。

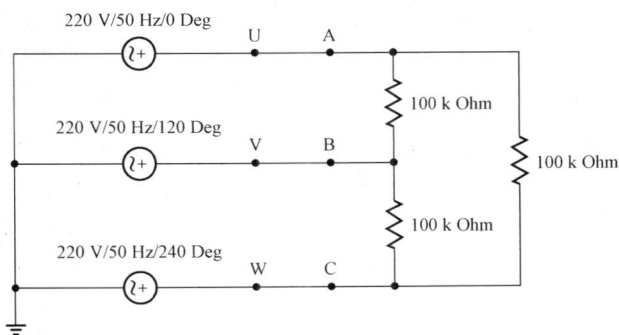

图 4 - 51　Y-△仿真实验电路

表 4 - 15　　　　　　　　　三相负载△连接各项实验数据表

测量数据负载情况	相电压（V）			线电流（A）			相电流（A）		
	U_{AB}	U_{BC}	U_{CA}	I_A	I_B	I_C	I_{AB}	I_{BC}	I_{CA}
$Z_A = Z_B = Z_C = 100\text{k}\Omega$									
$Z_A = Z_B = 100\text{k}\Omega$ $Z_C = 50\text{k}\Omega$									

（3）不对称三相负载的测量。

当 $Z_A = Z_B = 100\text{k}\Omega$，$Z_C = 50\text{k}\Omega$ 时，为不对称三相电路，如图 4 - 52 所示。使用交流电压

表和交流电流表测量三相负载的相电压、相电流和线电流，将测得的实验数据填入表 4 - 15 中。

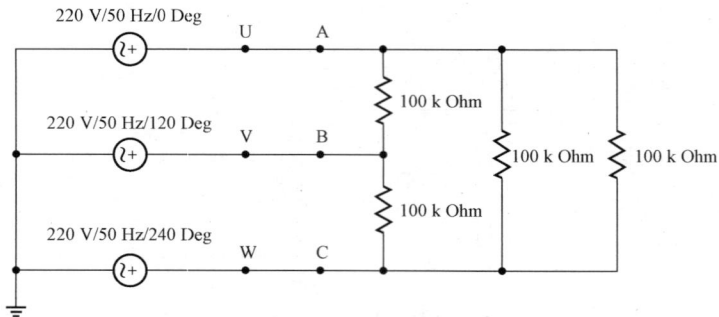

图 4 - 52　不对称 Y-△三相电路

五、实验注意事项

（1）三相电源中每相电源参数的设置；

（2）电压表的工作模式一定要设置为 AC（交流）；

（3）电流表的工作模式一定要设置为 AC（交流）；

（4）EWB 仿真实验电路一定要有接地点。

六、预习思考题

（1）三相负载根据什么条件作三角形连接？

（2）复习三相电路 Y-△连接的基本概念。

七、实验报告

（1）用实验测得的数据验证对称三相电路中的相电流与线电流的关系。

（2）不对称三角形连接的负载，能否正常工作？实验是否能证明这一点？

（3）根据不对称负载三角形连接时的相电流值作相量图，并求出线电流值，然后与实验测得的线电流作比较，分析之。

参 考 文 献

［1］于军，杨潇，王庆伟．电工电子技术实验教程．北京：中国电力出版社，2009.

［2］邱关源．电路．5 版．北京：高等教育出版社，2006.

［3］李翰逊．电路分析基础．3 版．北京：高等教育出版社，2006.

［4］秦曾煌．电工学．电工技术．上册．6 版．北京：高等教育出版社，2003.

［5］秦曾煌．电工学．电子技术．下册．6 版．北京：高等教育出版社，2004.

［6］朱定华，陈林，吴建新．电子电路测试与实验．北京：清华大学出版社，2004.

［7］崔建明．电工电子 EDA 仿真技术．北京：高等教育出版社，2004.

［8］黄智伟．基于 Multisim 2001 的电子电路计算机仿真设计与分析．北京：电子工业出版社，2004.

［9］郭爱莲，李桂梅．电工电子技术实践教程．北京：高等教育出版社，2004.

［10］孙陆梅，于军，杨潇．电工学．北京：中国电力出版社，2007.

［11］孙骆生．电工学基本教程．电工技术．上册．2 版．北京：高等教育出版社，1990.

［12］孙骆生．电工学基本教程．电子技术．下册．2 版．北京：高等教育出版社，1990.

［13］唐介．电工学．2 版．北京：高等教育出版社，2005.